the autumn

森林报 秋

[苏]维塔利·比安基 著　周露 译

四川文艺出版社

图书在版编目（CIP）数据

森林报. 秋 / (苏) 维塔利·比安基著；周露译
. -- 成都：四川文艺出版社, 2021.2
ISBN 978-7-5411-5795-0

Ⅰ. ①森… Ⅱ. ①维… ②周… Ⅲ. ①森林—青少年
读物 Ⅳ. ①S7-49

中国版本图书馆CIP数据核字（2020）第168339号

SENLINBAO QIU
森林报·秋
［苏］维塔利·比安基 著　周露 译

出 品 人　张庆宁
责任编辑　叶竹君
责任校对　段　敏
封面设计　赵　书
版式设计　史小燕
责任印制　崔　娜
插　　图　赵　书　赵海月

出版发行　四川文艺出版社
社　　址　成都市槐树街 2 号
网　　址　www.scwys.com
电　　话　028-86259287（发行部）　028-86259303（编辑部）
传　　真　028-86259306

邮购地址　成都市槐树街 2 号四川文艺出版社邮购部　610031
排　　版　四川胜翔数码印务设计有限公司
印　　刷　成都勤德印务有限公司
成品尺寸　145mm × 210mm　开　　本　32 开
印　　张　7.75　字　　数　140 千
版　　次　2021 年 2 月第一版　印　　次　2021 年 2 月第一次印刷
书　　号　ISBN 978-7-5411-5795-0
定　　价　25.00 元

森林报

秋

秋

秋

秋

SENLINBAO 森林报

NO.7

（秋季第一月）告别故乡月

9月21日—10月20日太阳转入天秤宫

一年：十二个月的太阳史诗——9月

9月终日愁眉苦脸爱哭泣。天空开始经常皱眉头，风在吼叫。秋季第一月开始了。

秋天跟春天一样，有一份自己的工作时间表，不过，恰恰相反，秋天的工作从空中开始。树叶在头顶上开始慢慢变黄，变红，变褐。树叶一旦得不到充足的阳光，立刻开始枯萎，很快失去了翠绿的色彩。在叶柄长在树枝上的地方，会形成一个衰老的带状物。即使在平静无风的日子里，树叶也会突然飘落：这儿落下一片黄色的桦树叶，那儿落下一片红色的白杨树叶，在空中轻轻飘荡着，静静地从地面滑过。

当你清晨醒来的时候，第一次看见了青草上的白霜，你在日记里写道：“秋天开始了！”第一次降霜，总在黎明前。所以从这一天起——更准确地说，从这一夜起——从枝头飘落的枯叶越来越多，直到最后，刮起清扫树叶的西风，脱去森林全套华丽的夏装。

雨燕不见了踪影。家燕和其他在我们这儿过夏的候鸟，都在集结成群，夜里悄悄地踏上遥远的旅程。空中越来越空旷，水越来越凉，人们已经不想到河里去游泳了……

可是，突然，好像是对火红夏日的纪念，温暖干燥、晴朗无风的日子又回来了。细长的蜘蛛丝在宁静的空中飘荡，泛着银光……幼小的、新播下的农作物在田里欢快地闪耀。

“夏老婆子又回来了！”农民们微笑着说，兴奋地欣赏着生机勃勃的秋播作物。

森林里的居民们在为漫长的冬季做准备。未来的生命都安全地躲藏起来，把自己暖和地包裹起来。对这些生命的关怀照料中止了，一直要等到明年春天。

只有兔妈妈们怎么也不甘寂寞，不愿承认夏天已经过去，又生下了小兔子！这一批小兔被称为“落叶兔”。这时细柄的食用菇长出来了。夏季结束了。

候鸟离乡月到了。

又像春天时那样，发自森林的电报纷纷飞向编辑部：新闻时时有，大事天天见。又像候鸟返乡月时那样，鸟儿开始大迁移，只不过这一回是从北往南飞。

秋天就这样开始了。

发自森林的第四封电报

那些身穿艳丽五彩华服的鸣禽都不见了。因为它们是半夜起飞的，我们没看见它们上路时的情况。

许多鸟儿更喜欢在夜间飞行，因为这样安全些。在黑暗中，游隼、老鹰和其他猛禽不会攻击它们。这些猛禽都从森林里飞了出来，正在半路上恭候着！在漆黑的深夜，候鸟也能找到飞往南方的航路。

野鸭、潜鸭、大雁和鹬等水禽一群群地出现在海上长途飞行航线上。这些长着翅膀的旅客在春天休息过的地方休息。

森林里的树叶在变黄。兔妈妈又生下六只小兔子。这是今年最后一窝小兔了。人们把它们叫作“落叶兔”。

不知道是谁，每天夜里在海湾内的淤泥岸上，画一些小十字。这些小十字和小点子布满淤泥岸。我们在小海湾的岸边搭了一个小棚子，想偷偷看个明白：是谁在那儿淘气。

离别歌

白桦树上的叶子，已经所剩无几。早已被主人们丢弃的小房子椋鸟巢，在光秃秃的树干上，孤零零地晃荡着。

不知怎么回事，忽然飞来两只椋鸟。雌椋鸟钻进巢里，紧张地忙碌起来。雄椋鸟栖在枝头，待了一会儿，向四处张望……然后唱起歌来！唱得挺轻的，仿佛是唱给自己听似的。

雄椋鸟唱完了歌。雌椋鸟从巢里飞出来，急忙向鸟群飞去。雄椋鸟紧跟着飞了过去。到时候了，到时候了，不是今天，就是明天，它们就要出远门了。

它们是来跟这座小巢道别的。今年夏天，它们在这里孵出了小鸟。

它们不会忘记这座小巢，明年春天还要回来居住。

透明的早晨

9月15日，秋老虎的天气。我像平时一样，一大早来到花园里。

我走到外面，只见天空高远纯净。空气有点儿凉丝丝的，银色的细蜘蛛网遍布在乔木、灌木和青草间。珍珠般的小露珠挂在纤细的蜘蛛丝上。每张蜘蛛网当中，都有一只小蜘蛛。

在两棵小枞树的树枝间，一只小蜘蛛织了一张银色的网。这网被露水映衬着，如同玻璃做的一般，好像一碰就会叮当碎掉。蜘蛛缩成个细小的球，呆立不动。苍蝇还没飞出来，所以它正好睡觉。也许它已经冻僵了、冻死了吧？

我用小手指小心翼翼地碰了一下小蜘蛛。

小蜘蛛没有反抗，仿佛死了一般，像一颗小石子似的滚落到地上。但是它刚一掉到地上的草里，就立刻跳起来逃走了，并躲了起来。

好一个伪装者！

不知它还回不回到这张网上来？它还找得到这张网吗？还是将另织一张新网？为了织一张蜘蛛网，它得花费多少精力呀！得跑前跑后、打结子、绕圈子，得花费多少心血呀！

小露珠在纤细的小草梢上颤动，仿佛细长睫毛上的晶莹的泪珠。它们闪烁着，散发着喜气。

路旁最后几朵小野菊花，低垂着花瓣做的裙子，等待着阳光的眷顾。

空气微冷纯净，如同易碎的玻璃。无论是色彩斑斓的树叶，还是被露水和蜘蛛网映成银色的小草，或是夏天从未见过的湛蓝湛蓝的小河，都是如此漂亮华丽，令人心旷神怡。我所能找到的最丑陋的物件，是一棵湿漉漉的蒲公英和一只毛茸茸的灰蛾。蒲公英已经残缺不全，绒毛粘在一起。灰蛾的脑袋被鸟儿啄得千疮百孔。而夏天的时候，蒲公英的头发是多么蓬松啊，头上还戴过成千上万顶小降落伞呢！灰蛾也曾经是毛蓬蓬的，脑袋光滑干燥！

我怜惜地把灰蛾放在蒲公英上，把它们久久地握在手里。太阳已升到森林上空，正好可以照到它们。灰蛾和蒲公英都是冰冷的、湿漉漉的，气若游丝。后来它们慢慢地苏醒过来。蒲公英头上粘在一起的灰色小降落伞晒干了，变得白乎乎、轻飘飘的，并且竖了起来；灰蛾的翅膀恢复了活力，变成了毛蓬蓬的青烟色。这两个可怜巴巴的、身体残疾的丑八怪也变得漂亮了。

一只黑琴鸡在森林附近低声嘟哝。

我朝灌木丛走去，想从灌木丛后偷偷走近它，看它在秋天怎样悄悄地喃喃自语和“契勿，契勿”地叫唤，回忆起春天那些游戏。

可我刚走到灌木丛前，黑琴鸡就噗的一声，紧挨着我的脚飞了起来，声音响得使我打了个寒战。

原来它就在我身旁。我还以为它离得很远呢！

这时，从远处传来一阵鹤鸣声，像吹喇叭似的。一群鹤在森林上空飞过。

它们正在离开我们……

发自森林记者 维利卡

森林中的大事

水上旅行

濒临死亡的小草在地上直哼哼。

著名的“飞毛腿”长脚秧鸡，已踏上了遥远的旅途。

矶凫和潜鸭出现在海上长途航线上。它们很少用翅膀飞行，经常潜进水里捉鱼。它们就这么游着，游着，游过湖泊和港湾。

它们甚至不用像野鸭那样，必须先在水面上微微欠起身子，然后再猛地钻进水里。它们的身子极其灵巧，只要把头一低，再用桨一般的脚蹼使劲一划，就钻到深水里去了。矶凫和潜鸭在水底自由自在，来去自如。没有一种猛禽能够在水下追到它们。它们游得快极了，甚至能赶上鱼。

但是，比起飞得快的猛禽来，它们的飞行本领可就差远了。它们何必冒险飞到空中去呢？只要是可以游水的地方，它们都用游水来做长途旅行。

林中巨人的鏖战

傍晚，太阳就要落山了。从森林里传来短暂的、沙哑的吼叫声。林中巨人——长着犄角的大公驼鹿从密林里走了出来。它们用发自肺腑的沙哑的吼声向对手发出挑战。

斗士们在林中空地上相遇。它们用蹄子刨着地，令人生畏地摇晃着沉重的犄角。它们的双眼布满血丝，低下长着大犄角的头，相互猛扑。犄角噼里啪啦地相撞，钩在一起。它们用巨大身躯的全部重量猛撞对方，竭力想扭断对方的脖子。

它们分开来，又冲上去，一会儿把身子弯到地，一会儿又用后腿立起来，用犄角相互猛撞。

笨重的犄角相撞的咚咚声在森林里轰鸣。难怪人们把公驼鹿叫作犁角兽：它们的犄角像犁似的又大又宽。

战败的公驼鹿，有的慌忙逃离战场；有的受到可怕的大犄角的致命撞击，扭断了脖子，血淋淋地倒在地上。获胜的公驼鹿，用锋利的蹄子践踏它。

于是，雄壮的吼声又响彻森林，犁角兽吹起胜利的号角。

一只没有犄角的母驼鹿在森林深处等待它。获胜的公驼鹿成了这一带的主人。

它不容许任何一只公驼鹿踏入它的领地。它甚至不能容忍小驼鹿，把它们也撵走了。

它那雷鸣般沙哑的吼声，一直传到很远的地方。

最后一批浆果

沼泽地上，蔓越橘成熟了。它们长在泥炭的草墩上，浆果直接长在苔藓上。隔老远就可以看见浆果，可是看不见它们长在什么东西上面。只有凑到近处，才能看见，在毯子般的苔藓上，蔓延着像纤维一样细的茎。茎两旁生着坚硬的亮晶晶的小叶子。

这就是一整棵小灌木。

发自尼·芭芙洛娃

上路啦

每天夜里，都有一批长着翅膀的旅客出发上路。跟春天时大不相同，它们不慌不忙地静悄悄地飞着，停歇的时间很长。看得出，它们不愿意离开家乡。

候鸟飞走的次序跟飞来时正好相反：色彩艳丽的、五彩缤纷的鸟儿先飞走；春天第一批飞来的燕雀、百灵和鸥鸟最后飞走。有许多鸟让年轻的先飞。雌燕雀比雄燕雀先飞。体格健壮、耐受力强的鸟儿，逗留得久一些。

大多数鸟儿直接往南飞：飞向法国、意大利和西班牙，飞向地中海和非洲。有些鸟儿往东飞：经过乌拉尔，经过西伯利亚，飞往印度；有的甚至飞往美国。几千公里的路程，在它们的脚下一闪而过。

等待助手

乔木、灌木和青草，都在忙于安排后代。

一对对翅果从槭树枝上挂下来。翅果已经开裂，在等待风把它们吹落、传播开去。

草儿也在等待风：在高高的长茎上，一串串蓬松的、真丝般的灰色茸毛从干燥的头状花里露出来；香蒲的茎，长得比沼泽地里的草还要高，它的顶梢穿上了褐色的小皮袄；山柳菊的毛茸茸的小球，准备好在晴朗的日子里被微风脱去外套。

还有许多别的草，小果实上生着或长或短，或普通或羽毛状的细毛。

在收割完庄稼的田里，在路旁和沟渠旁，植物们等待的已不是风，而是四条腿的动物和两条腿的人。这些植物里面，有牛蒡，它那带刺的干燥花盘里，装满了带棱角的种子；有带着黑色三角形果实的金盏花，它最爱戳路人的袜子；有带钩刺的猪秧秧，它的小圆果实喜欢牢牢钩住人的衣服，只能用纤维布才能把它擦掉。

发自尼·芭芙洛娃

秋天的蘑菇

现在森林里光秃秃、湿漉漉的，散发着烂树叶的味道，一片凄凉！唯一能给人带来快乐的，是一种蜜环菌，让人看了心情愉快。它们有的一堆堆地长在树墩上，有的爬上了树干，有的分布在地上，仿佛离群索居似的。

看着让人高兴，采起来也让人痛快。即使光采菇帽，专挑好的采，也是几分钟就可以采满一小篮。

小蜜环菌长得挺好看：菇帽绷得紧紧的，像小孩头上戴的无边帽，下面围着一条白色的小围巾。几天后，帽子边会往上翘，变成一顶名副其实的帽子；围巾将变成领子。

整个菇帽上长着烟丝般的鱼鳞片。它是什么颜色的？很难说准确，总之是一种叫人很愉悦的、宁静的浅褐色。小蜜环菌的菇帽下的菇褶是白色的，老蜜环菌的是淡黄的。

你可曾发现：当老菇帽渐渐遮住小菇帽的时候，小菇帽上仿佛扑了一层粉。你想："难道它们发霉了？"可是马上你会想起："这就是孢子呀！"是的，这是老菇帽撒下来的孢子。

假如你想吃蜜环菌，一定得了解它们的特征。市场上常常把毒菇当作蜜环菌。毒菇与蜜环菌长得很像，也长在树墩上。不过，毒菇的菇帽下没有领子，菇帽上没有鳞片，菇帽的颜色是鲜艳的黄色或粉红色，菇褶是黄色或浅绿色。毒菇的孢子是发黑的。

发自尼·芭芙洛娃

发自森林的第五封电报

我们在观察，究竟是谁在海湾沿岸的淤泥地上，画了小十字和小点子。

原来是滨鹬。

布满淤泥的小海湾是滨鹬的小饭店。它们在这儿歇歇脚，吃点东西。它们迈着长腿在柔软的淤泥上走来走去，留下许多三趾分得很开的脚趾印。它们把长嘴插到淤泥里，从里面拖出小虫当早饭，这时就留下了小点子。

我们抓到一只鹳。整个夏天它都待在我家房顶上。我们把一个很轻的铝制金属环套在它脚上，环上刻着一行字：Moskwa，Omitolog.Komitet A.NO.195（莫斯科，鸟类学研究委员会，A组，第195号）。然后，我们放掉了这只鹳，让它戴着环飞走了。要是有人在它过冬的地方抓住它，我们就可以从报上得知，我们这个地区的鹳在什么地方过冬。

森林里的树叶已经被染成了五颜六色，开始往下掉。

发自本报特派记者

城市新闻

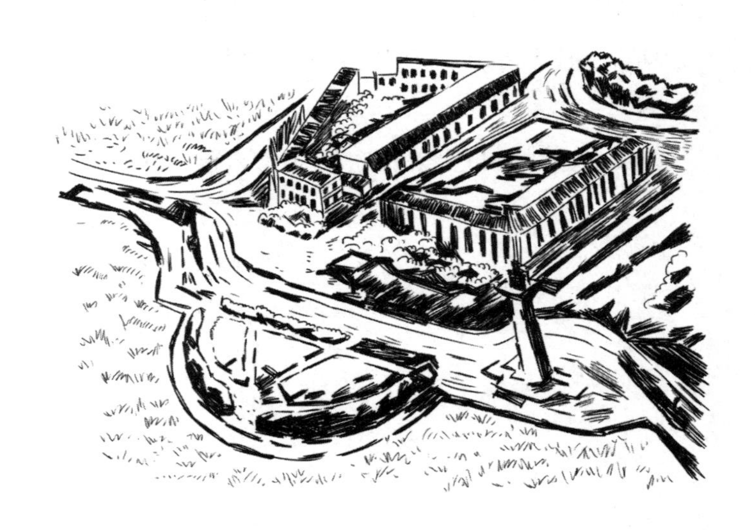

勇猛的袭击

在列宁格勒的伊萨基耶夫斯基广场上，在光天化日之下，一出勇猛袭击的好戏在行人的眼皮底下上演。

广场上，一群鸽子飞了起来。这时，一只老鹰从伊萨基耶夫斯基大教堂的圆屋顶上冲下来，向最边上的鸽子猛扑过去。只见一堆羽毛在空中飞舞。

行人看见那群惊慌失措的鸽子，四散到一幢大房子的屋檐下。老鹰用脚爪钩住被啄死的鸽子，吃力地朝大教堂的圆屋顶飞去。

我们的城市上空，是鹰迁移的必经之路。这些长着翅膀的猛禽，喜欢在教堂的圆屋顶和钟楼上搭建强盗巢，因为可以方便快捷地从这里搜寻猎物。

夜的惊恐

在市郊，几乎每夜都是惊恐不安。

人们听见院子里的喧闹声，就从床上跳起来，把头探出窗外。怎么啦？发生了什么事？

在楼下，在院子里，家禽大声地扑腾着翅膀，鹅呱呱地叫，鸭子嘎嘎地吵。难道黄鼠狼来吃它们了？或者狐狸钻进了院子？

可是，在石砌的围墙里，在房子的铁门里面，哪来的狐狸和黄鼠狼？

主人们巡视了院子，检查了家禽栏。一切正常。什么也没看见。谁也不可能钻进这带有坚固门锁和门闩的院子里来。也许只不过是家禽做了个噩梦吧！瞧，它们现在不是已经安静下来了嘛。

人们爬上床，安心睡觉。

可是过了一个小时，又呱呱呱、嘎嘎嘎地吵起来了。惊恐喧闹，乱作一团。怎么回事？又出了什么事？

请打开窗户，屏息静听吧！在黑沉沉的天空上，星星闪着金光。寂静无声。

可是，似乎有一道不可捉摸的黑影，在上空掠过，一个接一个，遮住了天上的金色星星。响起一阵轻轻的、断断续续的口哨声。一种模糊不清的声音，从高高的夜空中传来。

家鸭和家鹅立刻醒了过来。这些鸟儿好像早已忘却了自由，此刻却由于莫名的冲动，不停地扇动着翅膀。它们踮起脚尖，伸长脖子，悲苦地叫呀，叫呀。

它们那些自由的野姊妹们，从黑暗的高空用召唤回应着它们。一群又一群长着翅膀的旅行家，正从石头房子、铁房顶上空飞过。野鸭的翅膀发出噗噗的声音。大雁和雪雁轻轻地你呼我应：

“咯！咯！咯！上路吧！上路吧！远离寒冷！远离饥饿！上路吧！上路吧！”

候鸟清脆的咯咯声消失在远处。而那些早已忘记飞翔的家鸭和家鹅，却还在石头院子的深处辗转反侧。

发自森林的第六封电报

寒冷的早霜降临了。

有些灌木的叶子，如同被刀削过了一般。树叶雨点似的纷纷飘落。

蝴蝶、苍蝇和甲虫都躲了起来。

候鸟中的鸣禽，急匆匆地飞过一片片丛林和小树林。它们已经感到了饥饿。

只有鸫鸟不抱怨缺少吃的。它们成群结队地扑向一串串熟透的山梨。

寒风在光秃秃的树林里呼啸。树木都在沉睡中。森林里再也听不见鸟儿的歌唱了。

发自本报特派记者

山 鼠

我们挑选马铃薯的时候，突然有样东西从牲畜栏的地下沙沙地往外钻。后来一只狗跑了过来，在这附近蹲下，开始用鼻子闻。可那小兽还在沙沙地钻。狗开始刨坑，一边刨，一边汪汪地叫，因为那小兽正朝着它这个方向钻。狗先挖了个小坑，可以看见小兽的头顶。接着，狗又挖了一个大坑，把小兽拖了出来。小兽不停地咬它。狗把小兽扔了出去，大声吠叫起来。小兽像小猫那么大，灰蓝色的毛，夹杂着黄、黑、白三色。我们把这种小动物叫作山鼠。

忘记了采蘑菇

9月的一天，我和几个同学一起到森林里采蘑菇。我在那里吓跑了四只灰色的榛鸡。它们的脖子短短的。

接着，我看见一条已经干了的死蛇挂在树墩上。树墩里有个小洞，从里面传出嘫嘫的叫声。我心想，这一定是个蛇洞，慌忙逃离了这个可怕的地方。

后来，在沼泽地的边缘，我看见了从未见过的东西：七只像绵羊似的鹤从沼泽地上飞起。以前我只在学校的图画书上见过鹤。

同学们每人都采了满满一篮蘑菇，可我一直在树林里跑来跑去。只见鸟儿在飞来飞去，到处响起鸟儿的啼啭声。

在回家的路上，我们看见一只灰兔跑过，不过它的脖子是白色的，后脚也是白色的。

经过那棵有蛇洞的树墩时，我从旁边绕了过去。我们还看见许多大雁：它们正从我们的村庄飞过，咯咯地大声叫着。

发自森林记者 别兹美内依

喜　鹊

春天，几个农村孩子捣毁了一只喜鹊巢。我从他们那里买来一只小喜鹊。只过了一天一夜，它就被驯服了。第二天，它已经敢从我手里吃东西、喝水了。我们管它叫“女巫师”。它听惯了这个绰号，我们一叫，它就答应。

喜鹊的翅膀长齐了以后，老喜欢飞到门上去，站在门上面。在门对面的厨房里，摆着一张带活动抽屉的桌子。

抽屉里总放着一些食物。有时候，我们刚拉开抽屉，喜鹊就从门上飞下来，钻进抽屉里，飞快地啄着那里面的东西。把它拖出来的时候，它还叽叽喳喳地叫着不肯出来。

我去提水的时候，只要喊一声：“‘女巫师’，跟我走！”

它就落到我的肩上，跟我走了。

我们吃茶点的时候，喜鹊总是第一个忙碌起来：抓糖，抓面包，有时候还把爪子伸进了滚烫的牛奶里。

但是最可笑的，是我到菜园里给胡萝卜地除草的时候。

“女巫师”先蹲在菜垄上看我怎么干。然后也开始拔菜垄上的草，照我的样子把绿茎拔起来，放成一堆。它是在帮我除草呢！

不过，它弄不清应该拔什么，总是把杂草和胡萝卜一起拔出来。真是个“好助手”啊！

发自森林记者 薇拉·米赫耶娃

躲起来……

天变冷了，天真冷！

美丽的夏天过去了……

血液冻得快要凝住了，懒得动弹。总想打瞌睡。

长着尾巴的蝾螈，整个夏天都住在池塘里，一次也没出来过。现在它爬上岸，慢慢地爬到树林里。它找到一个腐烂的树墩，钻到树皮下，在里面缩成一团。

青蛙恰恰相反：它们从岸上跳进池塘，沉到池底，深深地钻进淤泥里。蛇和蜥蜴躲到树根底下，把身子藏在暖和的苔藓里。鱼儿成群结队地挤到河流的深处，水底的深坑里。

蝴蝶、苍蝇、蚊虫和甲虫都钻到树皮和墙壁的裂口和细缝里，藏了起来。蚂蚁堵住了全部的大门，堵住了高城里一百个城门的出入口。它们钻进高城的最深处，在那里挤作一团，彼此紧紧地挨在一起，一动也不动地睡着了。

忍饥挨饿的时候到了！忍饥挨饿的时候到了！

属于恒温动物的飞禽走兽倒不太怕冷。只要有东西吃就可以。每当它们吃下东西，就好比在体内生起了一盆火。可是，饥饿总是伴随着寒冷一道降临。

蝴蝶、苍蝇和蚊虫都藏起来了。蝙蝠也没东西可吃了。它们躲在树洞、石穴、岩缝里和阁楼的屋顶下面，用后脚爪钩住一样东西，头朝下倒挂着。它们用翅膀遮住身体，好比披了一件风衣似的，就这样入睡了。

青蛙、癞蛤蟆、蜥蜴、蛇和蜗牛全部躲了起来。刺猬躲进树根下的草巢里。獾也很少出洞了。

候鸟飞往越冬地

从天上看秋天

要是能从天上看看我们一望无际的祖国，该多么令人兴奋！秋天，乘着热气球升到高空，升到比岿然不动的森林还要高，升到比飘浮的白云还要高，离地面大约30公里吧！即使升到那么高，还是看不到我国国土的尽头。当然，假如天气晴朗，没有云层遮蔽大地，就可以望得非常远。

从那么高的地方望去，会觉得我们的整个国土在移动：有什么东西在森林、草原、山丘和海洋的上空移动……

原来是鸟儿。数不尽的鸟儿。

我们的候鸟，飞离故土，飞往越冬地去了。

当然，也有些鸟留了下来，像麻雀、鸽子、寒鸦、灰雀、黄雀、山雀、啄木鸟和其他许多小鸟，都不飞走。除了鹌鹑以外，所有的野雉也不飞走。还有老鹰和大猫头鹰也留了下来。

但即使是这些猛禽，冬天在我们这儿也没什么可干的。大多数鸟儿冬天都离开了我们这里。候鸟从夏末就开始飞离，春天最后飞来的那批鸟最先飞走。这样的飞离持续整整一秋，直到河水封冻为止。最后飞离我们的，是春天最先飞来的那一批：白嘴鸦、百灵鸟、椋鸟、野鸭和鸥等。

什么鸟往什么地方飞

你们可能会以为鸟儿都从同温层飞往越冬地，即所有的鸟群都从北往南飞吧？根本不是这么回事。

各种不同的鸟儿，在不同的时间飞走，大多数鸟在夜间飞行，因为这样更安全。而且，并非所有的鸟都从北方飞到南方过冬。秋天，有些鸟从东方飞到西方；有些鸟恰恰相反，从西方飞到东方。我们这里有一些鸟，径直飞到北方去过冬！

我们的特派记者，有的给我们发来无线电报，有的利用无线电广播向我们播报：什么鸟往什么地方飞；长着翅膀的旅行家们在旅途中身体如何。

从西往东飞

“切依！切依！切依！”红色的朱雀在鸟群里这样交谈。早在8月份，它们就从波罗的海边、列宁格勒州和诺甫戈罗德州开始旅行。它们不慌不忙地飞着：到处都有食物，足够吃的，急什么呢？又不是赶回故乡去筑巢和养育后代。

我们看见它们飞过伏尔加河，飞过不高的乌拉尔山脉。现在看见它们在西伯利亚西部的巴拉巴草原上。它们不停地往东飞，朝着太阳升起的方向飞。它们从一片丛林飞到另一片丛林，巴拉巴草原上的桦树林比比皆是。

它们尽可能夜间飞行，白天则休息，吃东西。虽然它们成群结队地飞，每一只小鸟都留意四周，生怕遭遇不测，可是不幸还是会发生，还是保全不了自己，总有一两只会被老鹰捉去。在西伯利亚，雀鹰、燕隼和灰背隼这类猛禽应有尽有。它们飞得特别快，速度惊人！当小鸟从一片丛林飞往另一片丛林的时候，不知有多少只要被猛禽捉去！夜里毕竟安全些，猫头鹰的数量相对少一些。

朱雀在西伯利亚转弯，它们要飞越阿尔泰山脉和蒙古沙漠，飞到炎热的印度去过冬。在艰难的旅途中，还有多少只小鸟要枉送性命啊！

铝环 Φ–197357 号的简史

一位俄罗斯青年科学家把一只轻巧的小金属环套在了一只纤细的小北极燕鸥的脚上。环的编号是Φ–197357。这件事发生在北极圈外白海边的干达拉克沙禁猎区，时间是1955年7月5日。

同年7月底，小鸟刚一学会飞，北极燕鸥就集合成群，开始冬季旅行了。起初，它们往北飞，飞到白海海口；接着，沿着科拉半岛北岸往西飞；然后，又沿着挪威、英国、葡萄牙和非洲海岸线往南飞。它们绕过好望角，往东方飞，从大西洋飞往印度洋。

1956年5月16日，在大洋洲西岸的福利曼特尔城附近，一位澳大利亚科学家抓住了这只脚戴Φ–197357号金属环的小北极燕鸥。从干达拉克沙禁猎区到这里的直线距离，长达2.4万公里。

燕鸥的标本和脚上的金属环一起，被陈列在澳大利亚彼尔特城动物园的博物馆里。

从东往西飞

在奥涅加湖上，每年夏天都要孵化出一大群黑压压的野鸭和白云般的鸥。等秋天降临时，这些野鸭和白鸥，就要往西，往日落的方向飞了。一群针尾鸭和鸥动身前往越冬地。让我们乘飞机跟着它们吧！

你们听见刺耳的呼啸声了吗？紧接着，是水的泼溅声、翅膀的扑腾声、野鸭无所顾忌的嘎嘎声、鸥的喊叫声……

这些针尾鸭和鸥，本来打算在林中小湖上歇歇脚，谁知遇上了一只迁徙的游隼。仿佛牧人的长鞭带着啸声刺破空气似的，游隼在野鸭的背上疾驰而过。它那最后一个脚趾头的爪，像小弯刀的刀尖一样锋利，猛地刺向野鸭。顿时一只野鸭的长脖子像根木棍似的垂下来，它还没来得及掉入湖中，动作敏捷的游隼蓦地一个转身，在水面上及时地抓住了它，用钢铁般的嘴朝野鸭后脑勺致命一啄，就拿去当午餐了。

这只游隼是这群野鸭的梦魇。它从奥涅加湖和它们一同启程，和它们一起飞过了列宁格勒、芬兰湾、拉脱维亚……它肚子饱的时候，就蹲在岩石或树上，冷冷地看着鸥在水面上飞翔，野鸭在水上翻跟头，看着它们从水面上飞起，成群结队地继续往西飞，往像只黄球似的太阳跌入的波罗的海那灰色海水里的方向飞。但是，只要游隼感到饿了，它立刻追上野鸭群，抓一只野鸭当饭吃。

它就这样跟着野鸭群，沿着波罗的海、北海、德国周围的海岸飞行，一直飞到了不列颠群岛。只有到了不列颠海岸附近，这只长着翅膀的恶狼才可能不再继续纠缠它们。野鸭和鸥留在这里过冬。要是游隼愿意的话，它可以跟着别的野鸭群往南飞，飞向法国、意大利，然后越过地中海飞往炎热的非洲。

往北，往北——飞向长夜漫漫的地区

绒鸭给我们提供做冬大衣用的又轻又暖的鸭绒。在白海的干达拉克沙禁猎区，绒鸭平静地孵出了小鸭。这里保护绒鸭的工作已经开展了多年。为了弄清楚绒鸭从禁猎区飞到什么地方过冬，有多少只绒鸭回到禁猎区、回到自己的老巢来，也为了弄清楚这些神奇的鸟儿的其他生活细节，大学生和科学家们把带着编码的很轻的金属环套到绒鸭的脚上。

现在已经搞明白，绒鸭从禁猎区一直往北飞，飞往长夜漫漫的北方，飞往北冰洋，那里居住着格陵兰海豹，还有白鲸在大声叹息，音调悠长。

白海很快将被厚厚的冰层覆盖，冬天绒鸭在这里无食可觅。在那里，在北方，水面一年四季不结冰，海豹和大白鲸在那里抓鱼吃。

绒鸭从岩石和水藻上啄软体动物或水中小贝壳吃。这些北方的鸟儿，只要能吃饱就成。尽管酷寒逼人，周围是无边的汪洋和无尽的黑暗，它们一点儿也不害怕。它们的鸭绒冬衣丝毫不透寒气，是世界上最暖和的绒毛！何况空中不时还会出现神奇的北极光，有巨大的月亮和明亮的星星。那里的太阳一连几个月不从海里露面，但这又有什么关系呢？反正北极的绒鸭觉得挺舒服，吃得饱饱的，在那儿悠然自得地度过漫长的北极冬夜。

候鸟迁徙之谜

为什么有的鸟径直往南飞，有的鸟往北飞，有的鸟往西飞，有的鸟往东飞？

为什么许多鸟要等到结冰、下雪、没有东西可吃的时候，才离开我们；而有的鸟（例如雨燕）却按照日历在固定的日期离开我们，即使周围的食物很充足？

而最最主要的问题是：为什么它们知道，秋天该往哪儿飞，该在哪儿过冬，沿着什么路线飞？

事实是：例如，一只小鸟在这里，在莫斯科或列宁格勒附近，从蛋里孵了出来。可它却飞到南非或者印度过冬。我们这儿有一种小游隼飞得飞快，它从西伯利亚一直飞到天边，飞到澳大利亚去。在澳大利亚住一段时间，又飞回西伯利亚，飞到我们这儿过春天。

森林里的战争（完结篇）

我们记者找到这么一块地方，在那里，林木种族间的鏖战已经结束。

那地方，就是我们的记者在旅行刚开始时到过的枞树部落。

以下是他们采访到的关于这场残酷战争的结束情况。

大批的枞树死于跟白桦、白杨的肉搏战。不过最终还是枞树胜利了。

它们比敌人年轻。白桦和白杨的寿命比枞树短。年老体弱的白桦和白杨不能再像敌人那样迅速地生长。枞树长得比它们高了，把可怕的毛烘烘的大手掌伸到它们头上，于是喜爱阳光的阔叶树开始枯萎。

枞树却一直在长大、长高，它们的树荫越来越密。树下的地窖越来越深，越来越暗。在地窖里，贪婪的苔藓、地衣、小蠹虫和木蠹蛾在等待着战败者；在那里，缓慢的死亡在等待着战败者。

一年又一年过去了。

离人们砍光原来那片阴森森的老枞树林，已经过去了一百年。抢夺那块空地的战斗也持续了一百年。现在，在老地方，又矗立着同样一座阴沉沉的老枞树林。

老枞树林里，既听不见鸟儿歌唱，也看不见快乐的小野兽落户。各种各样偶然出现的绿色小植物，都逐渐枯萎，很快死在阴沉沉的枞树部落。

冬天来了。每年冬天，林木种族都会休战一段时间。树木入睡了。它们睡得比洞里的狗熊还香。睡得仿佛死去了一般。树液在树干里停止了流动，它们不吃，也不再生长，只是昏沉沉地呼吸着。

仔细听听，寂静无声。

定睛一瞧，这是个布满战士尸体的战场。

我们的记者得知：今年冬天，这片巨大的、阴沉沉的枞树林将被砍掉。按计划，人们将在这里采伐木材。

明年，一片新的荒漠——采伐迹地将在这里出现。林木种族将开始新的战斗。

但是，这次我们将不再允许枞树获胜。我们将干预这场可怕的、连绵不绝的战争，把这里从未见过的新林木种族，移植到砍伐迹地上来。我们将关注它们的成长。要是有必要的话，我们将在树篷顶上砍几扇天窗，让明媚的阳光照射进来。

那时，鸟儿一年四季都将在这里给我们吟唱欢快的歌曲。

和平树

不久前，我校的全体同学，号召莫斯科州拉缅斯基区的低年级同学们，每人在植树周种一棵和平树。少年米丘林工作者们和成年的园艺家们，都答应帮助他们栽培和平树。小朋友们读书，成长，和平树将在校园里和他们一道成长！

莫斯科州茹科夫斯基市 第四小学全体学生

集体农庄纪事

田野里空荡荡的。庄稼已收割完毕。集体农庄庄员们和市民们已经吃上了新粮做的馅饼和面包。

亚麻铺满了田边的宽谷和斜坡。它们经历了风吹、日晒和雨淋。现在该把它们收拢来，搬到打谷场上，揉碎亚麻茎，把麻拔下来。

孩子们已经开学一个月了。现在田里已看不见他们的身影。集体农庄庄员们独自掘完了马铃薯，他们打算把马铃薯运到车站去，或者在干燥的沙丘上挖个坑，贮存马铃薯。

菜地里也变得空荡荡的。庄员们从菜垄上运走了最后一批包得很紧的卷心菜。

秋播的庄稼地里绿油油的。这是庄员们在上次丰收后，为祖国准备的新收成。这次的收成比上次的还要好。

公田鸡和母田鸡，也就是灰山鹑，已经不是一家家分散地待在秋麦田里了，而是聚成很大的一群群，每群有一百来只呢。

打山鹑的季节就要结束了。

征服峡谷的人

一些峡谷出现在旷野里。峡谷越变越大，进犯到集体农庄的农田里来了。庄员们为此很着急，我们少先队员们也和大人们一起着急。在一次少先队队会上，我们专门讨论，怎样更好地和峡谷做斗争，怎样阻止峡谷扩大。

我们明白，必须种些树把峡谷围起来。树根擎住土壤，就可以加固峡谷的边缘和斜坡。

会议是春天时开的，现在已经到了秋天。我们开辟了专门的苗圃，培育起大批树苗：大约一千棵白杨树苗、许多藤蔓灌木和槐树苗。现在我们已经在移栽这些树苗了。

几年后，乔木和灌木就可以征服峡谷的斜坡。峡谷本身也将被我们永久地征服。

少先队大队委员会主席 柯里亚·阿加法罗夫

采集种子

在9月份，很多乔木和灌木都结了种子和果实。这时候应该尽可能多地采集种子，把它们种在苗圃里，或者用来绿化运河和新池塘。

绝大多数的乔木和灌木种子，最好在它们完全成熟之前，或者在它们刚刚成熟的时候，在最短的时间内采完。特别是尖叶槭树、橡树和西伯利亚落叶松的种子，采起来一刻也不能耽搁。

9月份开始采集下列树木种子：苹果树、野梨树、西伯利亚苹果树、红接骨木树、皂荚树、雪球花树、马栗树、欧洲板栗树、榛树、狭叶胡秃子树、沙棘树、丁香树、乌荆子树和野蔷薇。同时，也采集克里米亚和高加索常见的山茱萸树的种子。

我们的想法

现在，我们全国人民都在从事一项伟大的美好事业：植树造林。

春天时，我们庆贺“植树节”。这一天，变成了真正的造林日。我们在集体农庄池塘四周栽上了树苗，免得太阳把池塘水晒干。为了加固陡峭的河岸，我们在河岸上栽了树苗。我们还把学校的运动场绿化了。这些树苗都成活了，在夏天里长高了许多。

现在，我们产生了这样一个想法。

冬天，大雪掩埋了田里所有的道路。每年冬天，都不得不砍掉一大片枞树林，用枞树挡住村道，免得它们被雪掩埋；有的地方，还得树立路标，免得行人在暴风雪中迷路，陷在雪堆里。

我们想：为什么每年要砍掉那么多小枞树呢？还不如在道路两旁栽上活的小枞树，这样就可以一劳永逸了。让小枞树自己快快生长、保护道路不被大雪掩埋，并且成为路标吧！

我们说干就干。

我们在森林边挖出许多小枞树，用筐子运到道路两旁。

我们常常给小枞树浇水，这些小树在新居里开始快乐地成长。

发自森林记者 万尼亚·扎米亚其

集体农庄新闻

精挑细选母鸡

昨天，在突击队员集体农庄的养禽场里，专家在挑选最佳母鸡。人们先用木板小心翼翼地把母鸡赶到一个角落里，然后抓住它们，交给专家一只一只地鉴别。

瞧，专家的手里抓着一只长嘴、身材细长的母鸡，小小的鸡冠颜色暗淡，两只眼睛似睁非睁，显得傻乎乎的，仿佛在问："干吗打扰我呀？"

专家放回了这只母鸡，说："我们不需要这样的母鸡。"

后来，专家的手里抓着一只短嘴大眼睛的小母鸡。它的头很宽，鲜红的鸡冠子歪在一边。两只眼睛闪着亮光。母鸡一面拼命挣扎，一面乱叫："放开我！放开我！别赶我，别抓我，别干扰我！你自己不吃蚯蚓，还不让别人挖！"

“这只挺好！”专家说，“这只会给我们下蛋的。”

原来母鸡也要活泼乐观、精力旺盛，才能下好多蛋。

乔迁之喜与改名之喜

小鲤鱼们搬了新家改了名。春天的时候，它们的妈妈在小池塘里产下卵。从卵里孵出70万条鱼苗。这个池塘里没有其他住户，就住着这一大家子：70万个兄弟姊妹。可是一周半之后，它们就觉得拥挤了，因此搬到了夏季的大池塘里住。鱼苗在池塘里长大了，快到秋天的时候就不再被叫作鱼苗，而被叫作鲤鱼了。

现在，小鲤鱼正打算搬到冬季的池塘里住。过了冬天，它们就满一周岁了。

星期天

小学生们帮助朝霞集体农庄挖掘肉质直根植物：甜菜、冬油菜、芜菁、胡萝卜和香芹菜。孩子们发现，芜菁比脑袋瓜最大的小学生瓦吉克的头还要大。可是，最让他们惊讶的，是硕大的饲用胡萝卜。

坎娜把一根胡萝卜竖在她的脚旁，这根胡萝卜竟跟她的膝盖一般高！胡萝卜的上半截，像巴掌那么宽。

“在古代，人们一定用这种根打仗，”坎娜说，“用芜菁代替手榴弹打敌人。当战斗进行到肉搏战的时候，嘭！就用这种大胡萝卜猛敲敌人的脑袋壳！”

“在古代，人们根本培育不出这么硕大的根。”瓦吉克反驳道。

“请君入瓮”

红十月集体农庄的养蜂员这么说。

那天，因为天冷，蜜蜂都待在蜂房里。这是黄蜂强盗们等待已久的良机。它们飞到养蜂场里，想偷蜂房里的蜂蜜。可是，没等它们飞到蜂房，就闻到香甜的蜂蜜味，看到养蜂场上摆着好几个装着蜂蜜水的瓶子。这时，黄蜂改变了到蜂房里偷蜂蜜的想法。大概它们觉得从瓶子里偷蜂蜜比较文明，而且不像从蜂房里偷那么危险。

它们钻进瓶子里试一试，结果就上了当，溺死在蜂蜜水里了。

发自尼·芭芙洛娃

基特·韦利卡诺夫的故事

篝火旁

我跟老人们一起去森林里和湖上打猎。

晚霞渐渐沉了下去。应该说，这一天的收获还不小，打到了一些野味。篝火点起来了。我们大口大口地喝着野鸭汤，然后喝茶。坐在篝火旁一边喝着茶，一边看着烟雾萦绕上升，真是惬意极了！

故事自然而然地开讲了：总得想法子消磨掉夜晚的时光。第二天天一亮，又得去蹲守猎物了。

叶夫谢伊爷爷最先打开了话匣子：

“你们这里都是些稀松平常的鸟兽，见不到跟我们克里木那边一样的鸟兽。我在克里木服役过很多年，什么样的鸟儿没见过啊。那里的鸟儿真是太神奇了！”

“瞧，开始了。”我暗暗想。我宁愿不吃饭，也要听打猎故事。我特别爱听这类故事！有人说：“这都是爱吹牛的人讲的荒诞无稽的故事！”而我认为，猎人打猎时自然很兴奋，冷漠的人做不成猎人。当然，猎人讲述时常常会添枝加叶，添油加醋。问题的实质就在这里！当人们说，这是一派胡言时，却是对猎人的最高奖赏！实际上，在猎人的叙述中常常隐含着某些令人震惊的、宝贵的真理，以及人们从未见到过的事实真相。即使他们讲的是荒诞无稽的故事，故事中也常常蕴含着真知灼见。为什么要闭耳不听呢！

于是我问老爷爷：

“叶夫谢伊老爷爷，你在克里木见到了哪些从未见过的鸟儿？”

“是的，见过很多稀奇古怪的鸟。例如，那儿有一种野鸭，虽然叫作鸭子，个头却有鹅那么高。它的性格简直像猛兽。只要在草原的洞穴旁看见狐狸，立刻咬住它的后脖颈，往地上撞，然后把它吞吃掉。找到狐狸洞后，就自己搬进去住，在那里面产蛋、孵育后代。”

“它长得什么样？”我问道。

伊万爷爷抚摸着胡子，冷笑道：

“叶夫谢伊，你又在胡说八道了。”

“我说过，跟鹅一般大。嘴巴红红的，像公鸭那样，头上有花斑。等它吃完之后，狐狸洞里只剩下了一根狐狸尾巴和一堆狐狸毛。我亲眼看见的。”

伊万爷爷说：

“我们这儿肯定没有这样强悍凶猛的鸟儿。但是有小鸟，也很神奇！有个从城里来的名唤维嘉的小男孩，向一只小鸟开了一枪。显然，霰弹从弹筒里漏出来了。他瞄准了枞树枝，我就站在他旁边，亲眼看见的：砰的一声！一只很小很小的鸟从树上掉了下来。信不信由你，它的个头比蜻蜓还小。更令人称奇的是，它是那么弱不禁风！我已经跟你们讲过，弹筒里已经空了，没有霰弹了。可是，虽然没有子弹射出，可怜的小鸟还是被枪声吓傻了。维嘉捉住它，把它放在怀里，带回了家。他们一家人住在我们这儿的别墅里。维嘉把小鸟放到桌子上，小鸟仰躺着，小腿一动不动：瞧，把它给吓得七魂失去了六魂！过了好半天，它才慢慢回过神来：振翅一跃，若无其事地飞到了窗台上！它在小男孩家的鸟笼里住了整整一个月。小鸟通体灰色，头顶是纯粹的火红色！”

听完伊万爷爷的讲述，叶夫谢伊爷爷不满地嘟囔了一句：

“就这点事也想让人惊讶！只不过是一只小小鸟被吓傻了！你自己也说过，不知道它的心脏到底长在哪里。可能，它的心脏比豌豆还小吧。要是能把森林里的主人——老熊将军吓死，岂不更好吗？”

伊万爷爷哼了一声，叶夫谢伊爷爷继续说道：

“在我服役期间发生过这么一件事。一天，叶罗什金少校在森林里看见一只从山上下来的熊。熊正在干活：把石头拖过来，寻找甲虫、软体动物和老鼠当口粮。少校用双筒猎枪朝熊开了一枪。他枪里装的是小霰弹：少校是去打花尾榛鸡的，所以往枪筒里装了小霰弹。可他忘记了这一点。

“的确，熊就在山脚下，离得很近，只有一步之遥。而且即使小霰弹击中了它，也够不到它的皮，顶多只碰到它的毛。

“可是熊的表现却让少校放声大笑：只见它一跃而起，大吼一声，摔了个大跟头，连滚带爬地钻进了灌木丛，只听见树枝断裂的咔嚓声！我们和少校一起哈哈大笑，最后决定还是去看一眼：熊留下了什么足迹？

“坦率地说，熊的足迹歪歪扭扭的：它肯定被吓得犯病了。这还算好的。等我们下到灌木丛中一看，只见熊直挺挺地躺在那里，已经死了。它完全是被吓死的……瞧这一枪打的！”

大家谈论着这件事。然后老人们回忆起各自神奇的枪法。

伊万爷爷说，有一天，他在林子边看见一只白色的鸟躲在灌木丛下，他朝它开了一枪。走近一看，那里躺着七只已死的白山鹑，只要捡起来就可以了。瞧，一枪射中了七只山鹑。

伊万爷爷又回忆起，一次打猎回来的路上，一只硕大的老鹰从他前面的地上飞起。伊万爷爷朝它的背开了一枪，他总是竭尽所能地射杀这类苍鹰和老鹰。

老鹰摔了下来，翅膀摊开来了。伊万爷爷走近它，只见老鹰的身子底下压着一只断头芦花母鸡。他把猎物带回了村子，一位老太太对他说：

“这是我们的芦花母鸡！刚刚被强盗拖走。真是太好了：一箭双雕，还射死了掠夺者。全村人都会感谢你的。明天熬鸡汤给你喝。”

叶夫谢伊也不甘落后，又讲起了叶罗什金少校的奇遇：

“说实话，少校的枪法可真不怎么样。正如常言说的：射的是只乌鸦，打中的却是头母牛。但是，打猎时各人有各人的运气，而少校的运气真的很好。

“还有一次，也是在高加索，少校遇到了这么一件事。

“少校带着擅长追踪野兽的向导犬去打野鸡。

“向导犬跑到席草丛旁，突然停了下来，抬起一条腿，也就是说，它在指示猎物。少校走近它，命令它继续往前跑。它刚一迈步，一只野鸡从它脚下扑簌簌地飞起。少校赶紧开枪，砰！野鸡从容不迫地飞走了。但席草丛中还在噗噗作响，有什么东西在嚎叫，在扑腾！那里到底在搞什么鬼名堂？

“我们走近后，看到一只大猫躺在地上，浑身颤抖。原来席草丛中有很多猫，当然全是野的。它们都很健壮，比普通的家猫大一倍。

“你瞧，少校没有打中野鸡，却打中了野猫的头。幸亏它打中的不是向导犬。”

回忆从神奇的枪法转到了猎狗身上。

伊万爷爷讲到自己的一条猎狗，尽管年纪很大了，眼睛也完全瞎了，却比以前更擅长撵兔子了。

叶夫谢伊爷爷摇着头，问道：

“它怎么能够在林子里不撞上树？照我说啊，你又在扯谎！”

“它慢慢走呗。再说，兔子也不急着避开它。不管怎么说，猎狗还是把兔子朝我撵过来了。”

“竟有这种事！”叶夫谢伊爷爷既不表示赞同，也不表示反对，嘟囔道，“我听说，有个猎人有条猎狗，像少校先生的狗一样，也很擅长追踪野兽，好像是叫塞特种猎狗。它只要看看纸，就会指示猎物了。”

“什么叫看看纸？”伊万爷爷没听明白。

“很简单。只要主人在纸上写上‘黑琴鸡’或‘沙锥’，猎狗就会去搜寻猎物，然后指给主人看。而对没有写着这些字的纸，它连瞧都不瞧一眼。”

“咳咳咳！咳咳咳！”伊万爷爷突然剧烈地咳嗽起来，“可恶的蚊子！你吸的血还少吗？还想钻进我的喉咙里。林子里雄蚊子多得要命，家里苍蝇多得要命。苍蝇明白，它们闲逛的日子不多了，变得无比凶残，比雄蚊子还会咬人。”

他补充道：

“瞧，篝火已经熄灭了。现在蚊子开始更厉害地攻击我们了！朝霞升起来了。该去蹲守猎物了。”

基特·韦利卡诺夫

打　猎

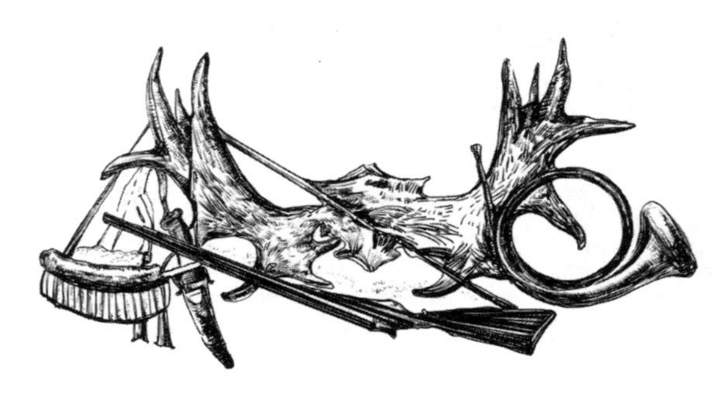

被愚弄的琴鸡

秋天将近的时候，琴鸡集成很大的一群：有翅膀绷得紧紧的黑色雄琴鸡，有淡棕黄色夹杂着斑点的雌琴鸡，也有年幼的琴鸡。

一群琴鸡喧闹着飞到浆果树丛里来了。

它们在地上四散开来。有的啄硬邦邦的红越橘，有的用脚爪刨开草，吞下碎石和细沙。这有助于消化，可以磨碎嗉囊和胃里较硬的食物。

一阵急促的脚步声在干枯的落叶堆上沙沙响起。

琴鸡都抬起头，提高了警惕。

向这边跑来了！一只莱卡犬的头，在树林间闪过。狗的两只尖耳朵竖着。

琴鸡怪不乐意地飞上了树枝。有的躲在草丛里。

莱卡犬在浆果树丛里跑了一圈，把琴鸡都吓跑了。

然后，它蹲在树底下，选准一只琴鸡，眼睛盯着它，汪汪直叫。

琴鸡也用眼瞪住它。不一会儿，琴鸡在树上待得无聊，就在树枝上走来走去，不时回过头来看莱卡犬。

真是讨厌至极！干吗老待着不走！我想吃饭了呀……快点跑自己的路吧！等你跑开了，我又可以飞下去吃浆果了……

突然砰的一声枪响，一只死琴鸡掉在了地上。原来趁它在那儿忙着看莱卡犬的工夫，猎人偷偷地走过来，出其不意地把它从树上打了下来。于是这群琴鸡噗噗地飞向森林上空，飞向离猎人远一些的地方。林中空地和小树在下面一一闪过。在哪里落脚呢？这里也藏着猎人吗？

几只黑琴鸡蹲在白桦林边光秃秃的树枝上，一共有三只。落在这里应该没有危险，假如白桦林里有人的话，那三只黑琴鸡绝不会安静地待着不动的。

琴鸡群越飞越低，终于闹哄哄地降落在树枝上。原先那三只黑琴鸡，像树墩一样一动不动地蹲在树上，连头都没朝它们转一下。新来的琴鸡仔细审视它们。这是三只真正的琴鸡：浑身漆黑，眉毛鲜红，翅膀上有白斑，尾巴分叉，一双黑眼睛亮晶晶的。

一切正常。

砰！砰！

怎么回事？为什么两只新来的琴鸡从树上掉下来了？

一阵轻飘飘的烟雾从树的上空升起，不一会儿，就消散了。可是原来的三只琴鸡，还像刚才那样蹲着。新来的琴鸡们也待在树枝上，看着它们。下面不见一个人。为什么要飞走呢？！

新来的琴鸡考虑了一会儿，打量了一下四周，又安下心来。

砰！砰……

一只雄琴鸡，缩成一团掉在地上；另外一只蹿向树的上空，蹦得很高，之后又跌下来。大惊失色的琴鸡们从树上飞起，在那只受了致命伤的琴鸡从空中摔到地面之前，就逃得无影无踪了。只有原来那三只琴鸡，依旧一动不动地待在树梢上。

树下，一个带枪的人从一间不易察觉的棚子里走出来。他捡起死琴鸡，然后把枪靠在树上，爬上了白桦树。

白桦树梢上的三只琴鸡的黑眼睛，若有所思地望着森林上空某个地方。原来，这三只呆立不动的琴鸡，是用黑绒布做的。它的黑眼睛，是小黑玻璃珠子。但嘴巴是真正的琴鸡嘴巴，还有分叉的尾巴，是用真正的羽毛做的。

猎人摘下一只假琴鸡，从白桦树上溜下来，又爬上另一棵树，去摘另外两只假琴鸡。

在远处，那些惊慌失措的琴鸡，正在飞越一座森林。它们疑惑地、仔细地察看每一棵树，每一棵灌木，在哪儿还会出现新的危险呢？上哪儿去躲避这个狡诈的拿枪的家伙？你永远无法预料，他会设下什么样的圈套……

好奇的雁

每一个猎人都了解，雁生性好奇。而且猎人也了解：雁比其他鸟都谨慎。

一大群雁待在离河岸足足有一公里的浅沙滩上。那里，人既走不过去，也爬不过去，即使坐车也过不去。雁把头藏在翅膀下，缩起一只脚，安心地呼呼大睡。

它们没什么可怕的。它们有哨兵！在这一群雁的每一边，都站着一只老雁。老雁既不睡觉，也不打瞌睡，它们机警地注视着四周。你倒试试看，怎样打它们个出其不意？

一只小狗出现在岸上。那些放哨的老雁，立刻伸长脖子，监视着狗的一举一动。

狗在岸上来回跑，一会儿往这边，一会儿又往那边跑，不知道在沙滩上捡些什么。它对雁连看也不看。

没有什么可疑的地方。不过，雁很好奇：为什么狗在那儿来回跑？得走上前去看个究竟……

一个哨兵慢慢地走进水里游了起来。轻微的溅水声，惊醒了三四只雁。它们也看见了小狗，也向岸边游去了。

雁游近时才看清，原来有许多面包团，从岸上的一块大石头后面飞出。面包团一会儿往这边飞，一会儿往那边飞，纷纷掉在沙滩上。狗摇晃着尾巴，扑上去捡面包团。

面包团是从哪里来的呢?

谁躲在石头后面呀?

几只雁越游越近，游到了岸边，它们伸长脖子，拼命想看个究竟……这时，一个猎人从石头后面跳了出来，他弹无虚发，把那些好奇的脑袋，全部打到水里去了。

六条腿的马

雁在田里觅食。它们成群结队地在吃草，哨兵们站在四周。不论是人或狗，它们都不让靠近。

马儿在远处的田野里走来走去。雁不怕它们。谁都知道，马是一种温和的食草动物，不会侵犯飞禽。有一匹马一面捡着又短又硬的残穗吃，一面渐渐靠近雁群。没关系：即使它走到跟前，也来得及飞走。

这匹马真怪：它有六条腿。真是个怪物……其中四条腿是常见的马腿，另两条腿穿着长裤。

担任哨兵的雁，咯咯咯地叫起来发出警报。雁群从地上抬起头来。

那匹马慢腾腾地走过来了。

哨兵展开翅膀，飞过去侦察。

它从空中看见，有个人躲在马后面，手里还端着一支枪呢。

“咯咯咯！咯咯咯！快逃呀！”侦察员发出逃跑的信号。群雁连忙展开翅膀，艰难地飞离了地面。

垂头丧气的猎人，在它们后面连开两枪。可是它们早已飞远了，霰弹没有打到它们。

雁群得救了。

应　战

每天晚上这个时候，驼鹿嘹亮的战斗号角都会在森林里响起。

“凡是不怕死的，都出来干一仗吧！”

一只老驼鹿从长满苔藓的兽穴里站起来。它那宽阔的犄角分成13支，身长约两米，体重约400公斤。

谁胆敢挑战这林中第一壮士呢？

老驼鹿把笨重的蹄子，重重地踏在湿漉漉的苔藓上，把挡路的小树枝都踩断了，怒气冲天地赶过去应战。

对手战斗的号角声又传来了。

老驼鹿用可怕的吼声应答。这吼声慑人心肺，一群琴鸡吓得噗噗地从白桦树上掉了下来，胆小的兔子惊慌失措地从地上一蹿老高，拼命逃到密林里。

“看谁敢……”

驼鹿的双眼充血，慌不择路地向敌人冲过去。密林逐渐变疏，它冲到了一片林中空地……原来在这里啊！

它从树后猛地冲上前去，想用犄角撞敌人，用身体的重量压垮敌人，再用锋利的蹄子把敌人踩个稀巴烂。

直到砰的一声枪响，老驼鹿才看见，有个拿枪的人躲在树后面，腰上还挂着一只大喇叭。

老驼鹿慌忙往密林里逃，它身上的伤口不住地流着血，身子虚弱得直摇晃。

猎兔开禁

猎人出发

像往常一样，10月15日，报上宣布可以开始猎兔了。

又像8月初一样，火车站里挤满了猎人。他们还是带着猎犬，有的甚至用皮带牵着两条或两条以上的狗。可是，这些狗已经不是猎人们夏天打猎时带去的那些猎狗了，已经不是那些长着卷曲长毛的猎狗了。

这些猎狗高大壮实，腿又长又直，脑袋沉甸甸的，一张大嘴像狼嘴似的，身上长着各种颜色的粗毛：有黑色的，有灰色的，有褐色的，有黄色的，还有火红色的；有的有黑斑纹，有的有火红斑纹，有的有褐色斑纹，有的有黄斑纹，还有的是火红色夹杂着铲斗形状的黑色。

这是一些特种的母狗或公狗。它们的任务是跟踪兽迹找到野兽，把它从兽洞里撵出来，追上它，一面追一面汪汪叫，以便让猎人知道，野兽在往哪里逃，转着什么样的圈子，这样，猎人就可以站在野兽的必经之路上，对准野兽迎面开枪了。

在城市里很难养活这些粗野的大猎狗。许多人没有狗可带。我们这群人也没带。

我们到萨索伊其那儿去参加围捕野兔。

我们一共12个人，占了车厢里三个单间。全体旅客都惊讶地看着我们的一个同伴，他们微笑着低语。

我们这位同伴也的确有看头：他是个大胖子，胖得连门都走不进。体重有150公斤。

他不是猎人。医生建议他多走走。他是个射击能手，打起靶来比我们技高一筹。他为了散步散得更有趣些，便决定试着跟我们一道去打猎。

围　猎

晚上，在森林区的一个小车站上，萨索伊其接到了我们。我们去他家过夜。第二天黎明，我们就上路了。我们成群结队地走，一路欢歌笑语。萨索伊其找了20个集体农庄庄员，作围猎呐喊人。

走到森林边时，我们停了下来。我把写上号码并折成小卷的纸头，丢进帽子里。我们12个狙击手按顺序抽签，谁抽到第几号，谁就站在第几号位置上。

呐喊人走到森林外面去了。在宽阔的林间路上，萨索伊其按照号码，安排各人站立的位置。

我抽到6号，胖子抽到7号。萨索伊其指定完我的站位之后，就给这位新手传授围猎的规矩：不要沿狙击线射击，否则会伤到旁边的人；当围猎呐喊人的声音临近时，应该停止开枪，禁止伤害雌鹿，必须等待信号。

大胖子离我60步远。猎兔可不像猎熊。猎熊时，狙击手和狙击手之间，可以间隔150步远。萨索伊其在狙击线上也不忘开玩笑，我听见他在开导大胖子：

“您为什么老往灌木丛里钻呀？这样子，可不方便开枪。您跟灌木并排站着，就站在这儿吧。兔子是朝下面看的。不客气地说，您的腿好像两根树墩。您把腿分开点儿，兔子会直接把您的腿看成树墩的。”

萨索伊其安排好狙击手以后，又跳上马，到森林外面去安排围猎的人。

还得等好长时间，才能开始围猎。我打量着四周。

在我的前面，离我四十步路开外的地方，好像一堵墙似的耸立着光秃秃的赤杨和白杨，叶子已经落了一半的白桦，以及阴暗蓬松的枞树。不一会儿，从密林深处，可能会有兔子，或者有穿过由笔直的树干混合而成的林子朝我跑来的琴鸡。要是走运的话，可能还会有长着翅膀的林中巨人（林中大松鸡）光顾。我会射偏吗？

时间过得慢极了，像蜗牛爬似的。不知道胖子感觉如何？

他左右脚替换着站立，大概他想把腿站得更像树墩些吧……

突然，从静悄悄的森林外，两次响起打猎的号角声，号声悠长嘹亮。这是萨索伊其催促围猎呐喊队向前，向我们推进的信号。

胖子举起火腿般粗的胳膊；双筒枪在他的手里，细得像根手杖。他立定不动了。

真是个怪人！这么早瞄准，胳膊会发酸的。

还听不见呐喊人的喊声。

可是已经听见枪声了。沿着狙击线，先从右面传来一声枪响，接着又从左面传来两声枪响。别人都开始射击了。可是我还没开枪呢！

胖子也用双筒枪开射了，砰！砰！啊，他在打琴鸡！可是琴鸡高高地飞走了，他没打中。

围猎呐喊人低沉的呼应声和木棍敲击树干的声音此起彼伏。从两侧传来赶鸟的声音……可是既没有野禽朝我飞来，也没有小兽朝我跑来！

终于来了！一道灰白相间的影子，从树干后面一闪而过，原来是一只还没换完毛的雪兔。

哈，这猎物归我了！嘿，小子，转弯了！朝胖子蹿过来了……哎呀，胖子，你还犹豫什么？快开枪！快开枪呀！

砰砰！没打中……雪兔一直朝他冲过去。

砰砰！

一团灰白的东西从兔子身上飞了起来。吓得半死的小兔，从那树墩似的两条腿当中蹿了过去。胖子慌忙把两腿一夹……

难道可以用腿捉兔子吗？

雪兔溜了过去。胖子的庞大身躯扑通倒地。

我笑得眼泪都流出来了。透过泪眼，我看见有两只雪兔，一块儿从森林里蹿到我的跟前，但是我不能开枪，因为兔子是沿着狙击线逃跑的。

大胖子双腿跪地，慢慢地爬了起来。他把手里抓着的一团白绒毛递给我看。

我朝他喊道：“没摔坏吧？”

“没关系。我把尾巴尖给夹下来了。兔子的尾巴尖。”

真是个怪人！

枪声停止了。呐喊人从森林里跑出来，向大胖子走去。

“叔叔，你是牧师吗？”

“肯定是个牧师！瞧他那大肚子！”

“胖得让人不敢相信啊！准是在衣服里塞满了野味，所以才这么胖。”

可怜的神枪手啊！在城里，在打靶场上，谁会相信他会打不中呢！

这时，萨索伊其已经在催促我们到田里去进行新的围猎。

我们一大群人，说说笑笑地沿着林中小路往回走。一辆大车满载着两次围猎的战利品，跟在我们后面走。胖子也坐在车上，他累坏了，呼哧呼哧地喘着粗气。

猎人们一点也不怜悯这可怜虫，不住地对他冷嘲热讽。

忽然，一只足足有两只琴鸡那么大的黑鸟，出现在森林上空，出现在道路拐角的后面。它顺着小路，正从我们眼前飞过。

大家连忙抓起枪，激烈的枪声响彻森林，每个人都急于打下这稀有的猎物。

黑鸟还在飞。它已经飞到大车的上空了。

胖子也举起枪，他依旧坐着。双筒枪在他火腿般粗的胳膊上，细得像根小手杖似的。他打了一枪。

大家都看见：大黑鸟在空中奇怪地一缩，一下子终止了飞行，像块木头似的从空中跌落到地上。

“好，好枪法！”一个集体农庄庄员说，“看起来，真是个神枪手！”

我们这些猎人都尴尬地沉默不语：不是大家都开枪了嘛，不是大家都看见了嘛……

胖子拾起林中巨人——长着胡子的老松鸡，它比兔子还要沉呢。我们每个人都情愿用自己今天全部的猎获物，来交换他打中的这只野禽。

没有人再讥笑胖子了。大家甚至都忘了，他曾经用双腿夹过兔子。

发自本报特派记者

请注意！请注意！

这里是列宁格勒《森林报》编辑部。

今天是9月22日，秋分日。我们继续用无线电播报祖国各地的情况。

冻原带和原始森林，草原和海洋，请注意！

请你们讲讲，现在你们那里秋天的情形。

喂！喂！这里是亚马尔半岛冻原带

我们这儿一切都结束了。再也听不见岩石上鸟儿的叫声和啸声，夏天这里曾经是热闹的鸟市。小巧玲珑的鸣禽飞离了我们，雁、野鸭、鸥和乌鸦也都飞走了。一片寂静。只偶尔传来一阵令人惊悚的骨头相撞的声音，那是雄鹿在用角相撞。

清晨的严寒，早在8月份就开始了。现在水面都被冰封了。捕鱼的帆船和机动船，早就开走了。轮船晚走了几天，结果给封住了。现在笨重的破冰船正在坚硬的冰原上，艰难地为它们开辟航道。

白天越来越短。长夜漫漫，黑暗寒冷。白色的苍蝇在空中飞舞着。

这里是乌拉尔原始森林

我们正忙着迎送客人，迎来送往。我们在迎接从北方、冻原带飞到我们这里来的鸣禽、野鸭和雁。它们只是路过我们这里，逗留的时间不长：今天飞来一群鸟，歇歇脚，吃点东西；假如明天你再去看，它们已经不见了。半夜里，它们从容不迫地往远方飞去了。

我们正在送走在本地度夏的鸟儿。我们这儿的大部分候鸟，已经踏上了遥远的秋天的旅程，去追寻那远离的阳光，到温暖的地方去过冬。

风从白桦树、白杨树和花楸树上扯下枯黄发红的叶子。落叶松变得金灿灿的，柔软的针叶变粗糙了；每天晚上，一些来自原始森林的长着胡子的、身材魁梧的雄松鸡，飞到落叶松的树枝上。它们通体乌黑，蹲在色彩柔和的金黄色针叶间，啃着树叶，填饱肚子。榛鸡在黑黝黝的枞树上尖声呼啸。出现了许多红胸脯的雄灰雀和淡灰色的雌灰雀、深红色的松雀、红脑袋的朱顶雀和角百灵。这些鸟也是从北方飞来的，但是它们不再往南飞了。它们觉得待在这里挺舒服。

田野荒芜了，在晴朗的日子里，细长的蜘蛛丝被微风吹拂着，在田野的上空飞舞。偶尔能见到最后一批盛开着的三色堇。在桃叶卫矛的灌木丛上，许多美丽的小果实颜色鲜红，如同中国的小灯笼。

我们就要掘完马铃薯了，正在菜地里收割最后一批蔬菜——卷心菜。我们给地窖装满了过冬的蔬菜。我们还去原始森林采集杉松的坚果。

小野兽们也没有落在我们的后面。金花鼠是一种地上小鼠，长着细细的小尾巴，背上有五道显眼的黑条纹。它把杉松的坚果拖到树墩下的鼠洞里，还从菜地里偷葵花子，把仓库装得满满的。棕红色的松鼠，在树枝上晒蘑菇。它们正在换上淡蓝色的皮袄。森林中的长尾鼠、短尾野鼠和水老鼠，都在用各种各样的谷粒装满地窖。林中长着花斑的乌鸦——核桃鸦也在搬运坚果，将其藏到树洞里、树根底下，以备不时之需。

熊给自己物色好一块地方做熊洞，它正在用脚爪扯下枞树皮做垫子。

大家都在为过冬做准备，大家都在辛勤地劳动。

这里是沙漠

我们这里正在过节，这里又像春天一样，一片生机勃勃。

难熬的酷热过去了，雨不停地下。空气清新透明，远方的景物清晰可见。草又变绿了。以前躲避夏天毒辣阳光的动物，又出来了。

甲虫、蚂蚁和蜘蛛都从地下钻了出来。细爪子的金花鼠，钻出了深洞；跳鼠拖着一根超长尾巴，像小袋鼠似的蹦蹦跳跳。从夏眠中醒来的巨蟒，又在追捕它们了。猫头鹰、草原狐（鞑靼狐）和沙漠猫不知打哪儿冒了出来。体态匀称的黑尾羚羊和弯鼻羚羊这类快腿羚羊飞奔着。鸟儿飞来了。

又跟春天时一样，这里不再像沙漠：这里满目绿色，这里生意盎然。

我们继续在沙漠里旅行。

成百上千公顷的土地，将要铺上防护林带。森林将保护田野，不让田野受到沙漠热风的侵袭，最终还要征服沙漠。

这里是山峰，这里是世界屋脊

我们这里的帕米尔山高耸入云，人们把它叫作世界屋脊。有的山峰高达七千多米，直插云霄。

在我们这里，夏天和冬天同时出现：山下是夏天，山上是冬天。

可是现在秋天到了。冬天开始从山顶往下降，从云端里往下降，把生命从山顶往下赶。

野山羊，即山里的野羊，率先离开夏天的居住地——寒冷的悬崖峭壁。现在它们在那里没有东西可吃了，那里所有的植物都被雪埋住，冻死了。

山上的绵羊也开始离开牧场，撤下山来。

夏天高山草场上常见的肥硕的土拨鼠，现在都销声匿迹了。它们钻到地下去了。它们贮足了过冬的口粮，吃得白白胖胖的，躲进地洞里，用干草堵住洞口。

公鹿和母鹿也沿着山坡下山了。野猪在胡桃树、阿月浑子树和野杏树丛里闲逛。

……在下面的溪谷和深谷……、红背鸲以及神秘的……

……方，飞到我们这温暖……

……不断的秋雨，眼看着……已经下雪啦！

……满目的水果，山坡上……

……了。

……许多活泼的小球在飞……，跳到人的脚上，但是人们……的分量很轻啊。原来它们根本不是小球，而是一团团圆圆的、翘起来的枯草茎。现在它们飞过土丘和石头，飞到小山后面不见了。

这是风把成熟的风卷球连根拔起，把它们像车轮似的推着，转遍了草原，它们也就趁此一路散播种子。

很快，热风将无法在草原上游荡。我国人民建造的森林带，已经站起来保卫农田。这些护田林带将拯救庄稼，不让它们被旱灾摧毁。人们开辟了灌溉渠，清水流自伏尔加河至顿河的列宁通航运河。

现在我们这里正是打猎的好季节。各种各样本地的或者路过的沼泽野禽和水禽，紧密地集中在草原湖泊上的芦苇丛中。一群群肥嘟嘟的小鹌鹑挤在小屋旁以及没有被割过草的地方。草原上的兔子多极了，都是些带棕红色斑点的大灰兔，我们这儿没有雪兔。狐狸和狼也非常多！你想用枪打就用枪打；你想放猎狗去捉就放猎狗去捉。

在城里的市场上，西瓜、香瓜、苹果、梨和李子堆得像小山那么高。

喂！喂！这里是大海洋

我们穿越北冰洋的冰原带，经过亚洲和美洲之间的海峡，进入了太平洋，或者更准确地说，进入了大海洋。先是在白令海峡，后来在鄂霍次克海，我们经常遇到鲸。

真没想到，世界上竟有这么神奇的野兽！只要想想它们的身长、体重和体力，就让人惊叹不已。

我们看到一条鲸，一条露脊鲸或鲱鲸，被人拖到一艘大轮船（捕鲸船）的甲板上。它身长21米，相当于六头大象头尾相接地连在一起那么长；它的嘴巴容得下一艘带着划桨人的木船。

光是它的一颗心脏，就重达140公斤：抵得上两位成年男子的体重。它的总重量为55000公斤，也就是55吨重！

假如做一架巨大的天平，把这条鲸放到其中一个天平盘里，那么为了使两个天平盘相等，另一个天平盘里得站上整整1000个男女老少。即使站上这么多人，也不一定够。况且这条鲸还不是最大的，有一种蓝鲸，身长33米，重达100多吨……

鲸力大无穷。假如它被带绳索的大鱼叉叉住，它能把绳索另一头系着的渔船拖着走一天一夜；更糟糕的是，假如它钻进水里，轮船也会被它一起拖进水里。

这是从前发生的事情。现在可是另外一回事了。我们很难相信，横躺在我们面前的这个庞然大物，力大无比的一座肉山，几乎一瞬间就被捕鲸人杀死了。

不久前，捕鲸人还从小船上投短标枪——带索的大鱼叉来叉鲸。水手站在船头，把鱼叉投到鲸身上去。后来，捕鲸人开始从轮船上，用装着带索鱼叉的特制炮弹打鲸。这只鲸也是被这样的鱼叉击中的，只是杀死它的不是铁叉，而是电流：原来在带索的鱼叉上，装着两根拉自轮船发电机的电线。在带索鱼叉像针一样刺进动物庞大身躯的一刹那，两根电线连接起来，产生了短暂的短路。于是强大的电流就把鲸击倒了。

这个庞然大物颤动了一下，两分钟后就死了。

我们在白令岛附近，看见海熊；在铜岛附近，看见大海獭，它们正带着小海獭玩耍。这些野兽给我们提供非常贵重的毛皮。以前，它们几乎被日本强盗和沙皇强盗赶尽杀绝，后来由于受到政府法律的严格保护，海獭的数量才大大增加。

我们在堪察加半岛的岸边，看见了跟海象一般大的大海驴。

可是我们看过鲸之后，就觉得这些野兽太小了。

现在正逢秋天，鲸都离开我们，游到热带的温暖水域去了。它们将在那里产下小鲸。明年，鲸妈妈将带着小鲸，游到我们这里来，游到太平洋和北冰洋的水域里来。这些吃奶的小鲸，块头比两头牛还大呢。

在我们这里，是不准猎杀小鲸的。

我们和全国各地的无线电联播，就到此结束。

下一次播报，也就是最后一次播报，将于12月22日举行。

打靶场

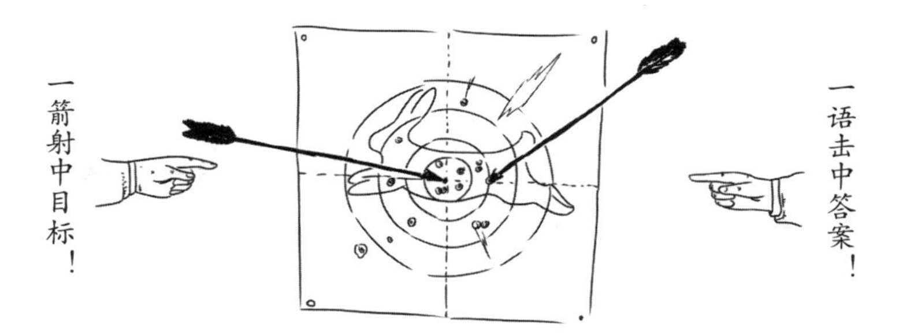

第七场比赛

1. 根据日历，秋天从哪一天开始？

2. 秋天落叶时，哪一种野兽还生小兽？

3. 秋天，哪些树叶变红？

4. 秋天，是不是我们这里所有的候鸟都要往南飞？

5. 为什么我们把老驼鹿称作“犁角兽”？

6. 在森林里和草场上，为了防备哪种野兽，集体农庄庄员们把干草垛围起来？

7. 什么鸟，春天的时候喃喃自语：“我要卖掉皮大衣，买件外套”，秋天时又叫：“我要卖掉外套，买件皮大衣”？

8. 这里画着两种不同的鸟儿留在泥地上的脚印。其中一种住在树上，另一种住在地上。如何根据脚印分辨，哪种鸟住在什么地方？

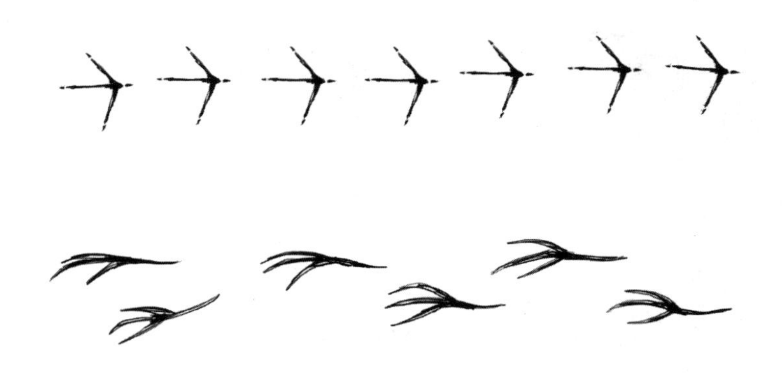

9. 什么时候射鸟更有把握？当鸟儿俯冲过来的时候（也就是当鸟儿径直飞向射手的时候），还是当鸟儿逃走的时候（也就是当鸟儿飞离射手的时候）？

10. 假如乌鸦在森林上空呱呱叫着盘旋，这意味着什么？

11. 为什么优秀的猎人从不射杀雌琴鸡和雌松鸡？

12．这里画着的前脚骨骼属于哪种野兽？

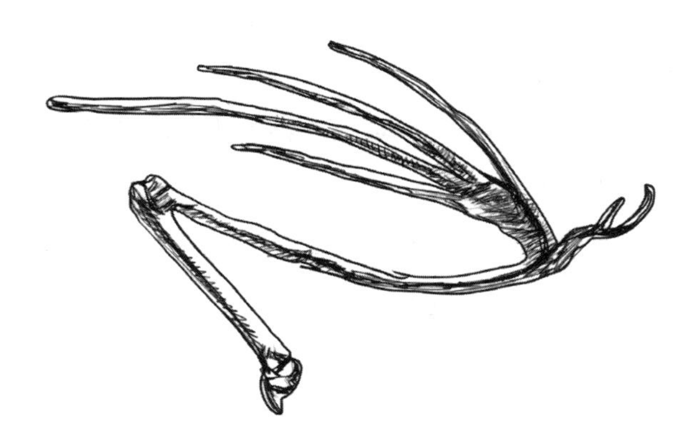

13．秋天蝴蝶往哪里躲？

14．太阳下山以后，猎人侦察野鸭时，脸朝哪个方向？

15．人们什么时候会咒骂鸟：“飞到国外去找死啊？”

16．出个谜语请你猜：今年把它埋土里，明年万棵钻出来。

17．马驹跑海外，披着黑貂皮，缚着白肚袋。（谜语）

18．挂着的时候是绿色，飞着的时候是黄色，掉下来时变黑色。（谜语）

19．身子细又长，摔在草丛起不来。（谜语）

20．有个灰家伙，牙齿尖又长；东跑跑，西跑跑，专

找牛犊和小孩。（谜语）

21. 有个小偷，身穿灰衣裳；专在田里跳，只捡五谷与杂粮。（谜语）

22. 一个小老头，戴着棕色帽；站在松林里，立在显眼处。（谜语）

23. 带皮的时候没人要，去皮之后人人要。（谜语）

24. 自己不要，也不许乌鸦拿。（谜语）

通　告

快来收养流浪兔吧

现在，还可以用手抓住森林和田野里的小兔子。小兔子的腿很短，跑不快。必须用牛奶喂它们，外加新鲜的包心菜叶和其他蔬菜。

预　警

由你收养的长着长耳朵的小家伙，是不会让你感到苦闷的。兔子是著名的击鼓手。白天，小兔子静静地待在笼子里；晚上，它用脚爪抓笼栏，像打鼓似的，立刻把你惊醒了。要知道，兔子夜里是不睡觉的啊！

请造个小窝棚

请在河岸上、湖岸上或者海岸上造个小窝棚吧。清晨和黄昏，你可以钻进小窝棚，静静地坐在里面。在候鸟迁徙的季节，你可以观察到许多有趣的景象：野鸭钻出水面，蹲在岸边，离你那么近，你都可以看清它身上的每一根羽毛。滨鹬转圈子；潜鸟潜入水中，在周围游来游去；鹭鸶飞来，栖在窝棚旁。夏天这些鸟在我们这里是看不见的。

喜欢捕鸟的人，请到森林里，到果园里去吧！

请把收拾好的捕鸟器挂到树上吧！把空地打扫干净，安装好捕鸟套和捕鸟网。现在正是捕捉鸣禽的好时光。

第六场锐眼竞赛

谁来过这里？

这是个农村的池塘，里面没有养家鸭。如何才能知道，夜里，人们睡觉的时候，有没有野鸭来过这里？

林中的两棵白杨，都被动物啃过，但是啃的方式不一样。它们分别被什么动物啃过？谁来过这里？

图 2

林间小路的水洼边，留下了一些小十字、小斑点。哪种动物来过这里？

有一只动物吃掉了一只刺猬，从腹部吃起，只剩下一张皮。谁吃了刺猬？

哥伦布
俱乐部

第七个月

哥伦布们还没有很好地习惯学校生活，就收到了从“未知之地”寄来的一封信。信是写给尼古拉的，他立刻读给俱乐部的全体成员听：

亲爱的尼古拉：

你曾经要求把村里发生的事都告诉你们，现在就出了件大事：你们大家都熟悉的普拉瓦湖失踪了！昨天晚上还在的，早晨起来一看，它就不见了！我们大伙儿都曾经乘着船、划着筏子，到过湖中的岛上，今天我却乘着集体农庄的大车，去那里运树枝，因为湖已经干涸了。湖里的鱼，特别是小鱼，都还在，但是水没有了。大家直接用手就可以抓到鱼，鲈鱼呀，小雅罗鱼呀，可多啦，我一个人捉了三大桶。而那些大鱼，可聪明了，一大清早，就跑掉了，谁也不知道，它们去了哪里！

湖已经消失四天了，还没有回来的迹象。老人们说，也许不会回来了，要等到冬天再看了。我听说，亚姆湖、亚姆河以及周围的其他一些小湖，都以同样的方式消失了。我还听说，米涅耶夫村旁的卡拉巴佐夫大湖变得又宽又深。

暂时没有别的新鲜事。

向大家和姑娘们问好。

信就写到这里。

焦急地等待回音。

你们熟悉的当地老村民　万尼亚

“这的确是片未知之地！”莱姆琪卡摊开双手说，“怎么会这样？不久前我们还乘船去过湖里，不久前老水手还差点儿淹死在里面。突然，一夜间，湖就消失了，仿佛从来没有存在过一样！湖底都可以开大车了。湖跑到哪里去了？谁也不知道……”

萨迦是一位刚刚加入俱乐部的六年级学生。他自信地说：

“我想，奥秘就在这里！很可能，太阳晒干了湖水。也就是说，湖水蒸发掉了，变成了云，消失在空中。”

安德烈向他解释，湖水不可能这么快蒸发掉。何况，普拉瓦湖是夜间消失的，那时也没太阳。

经过深思熟虑后，巴甫洛沙宣称：

“我认为，这是各种复杂现象的综合。明年夏天……我们将不分专业……给大伙……解开这个谜团。”

“什么明年夏天！”尼古拉一下子就急了，“趁湖里没有水的时候，应该立刻去考察。塔金，请允许我、安德烈和弗拉基米尔一起向校长请三天假。当然，落下的课以后一定补上。请派我们去做科学考察——考察这个失踪的湖。四天后，即本月的第四个礼拜天，谜底就会被揭开！”

塔金同意向校长请假。第二天晚上，哥伦布们已经紧急出发了。和他们一起出发的还有斯拉维米尔：他很想去看看，诺甫戈罗德秋天的森林，跟他故乡乌拉尔的针叶林是否相像。

9月20日，秋分前夕，哥伦布俱乐部的全体成员聚在一起开会。议事日程上只写着一个议题：普拉瓦湖从“未知之地”表面消失的原因。

安德烈开始汇报。虽然考察队的四个队员都是十年级学生，但安德烈是他们当中威信最高的。

“总之，情形是这样的：在原先是普拉瓦湖的地方，我们看到一片浅盘形的凹地，地上长着一排排高大的树木。湖中的水，的确消失了，或者像当地人所说的那样，丢失了。不过在干燥的凹地的东面，在一块很深的凹陷处，有一大片水洼。原来这下面是个无底洞，或者叫落水洞、塌陷处，湖水就是流进了这里。我们很快就搞明白了，这件事与所谓的喀斯特现象之间的关系。”

“什么？你说什么？”萨迦飞快地反问道，“什么现象？”

安德烈微笑着问道：

“你想听什么？科学解释还是普通解释？”

“当然是科学解释。”胖子巴甫洛沙高傲地宣布，“我们又不是小孩子了。”

“很好。”安德烈表示赞同，开始照纸上写的念，“以下内容摘自大百科辞典：‘喀斯特现象指具有溶蚀力的水对岩石进行溶蚀所形成的现象，并与后者的化学溶解过程有关，综合表现为特殊的地表和地下形态，独特的河流、湖流体系以及地下水的循环。’懂了吗？”

“我还是小孩子，”米露琪卡说，“我听不懂。请不要用‘后者’‘特殊的综合’这类字眼跟我解释。”她亲热地朝萨迦使了个眼色，萨迦正听得心烦意乱，痛苦地皱起了眉毛和鼻子，他竭力想搞明白，但什么也没听懂。

弗拉基米尔立刻响应道：

“让我来解释吧！说得简单点儿，正如希格利特所说，米露琪卡、希格利特和尼古拉三人过夜的那个地下通道，是一个水怪挖的，它想到另一个水怪家做客。当湖里水很深的时候，普拉瓦湖在地下石灰层挖了个大洞。现在卡拉巴佐夫湖的水位下降了，与之相连的普拉瓦湖里的水就通过这个洞流进了卡拉巴佐夫湖。这就是管道连接定律，还记得物理课上学的知识吗？瞧，我特意画了张图。各个小盘子似的小湖——普拉瓦湖、亚姆湖以及所有与大湖卡拉巴佐夫相连的小湖里的水，都流进了像大盆一样深的大湖里。瞧，这看得很清楚。萨迦，现在你懂了吗？”

“懂了！”萨迦一边回答，一边和米露琪卡仔细观看弗拉基米尔画的草图。画家希格利特立刻用铅笔画了些小盘子与大盆子，并画上橡皮管把它们连接起来，然后指给大家看。

弗拉基米尔继续解释道：

“在某个地方，水突然从地面上溶蚀了坍塌处和喀斯特地下通道，形成了漏斗、小坑和落水洞。尼古拉、米露琪卡和希格利特掉进的就是这种落水洞。这是独特的陷阱和‘狼坑’，可以诱捕青蛙、蛇、蟾蜍、兔子和其他动物。这些动物一旦失足滑下去，就不可能沿着光滑陡峭的洞壁爬上来，于是它们就死在里面了。”

“这么说来，还真的有狼！”希格利特惊呼道，“那双闪着红绿色磷光的、恶狠狠的、可怕的眼睛！可它为什么没有扑向我们？”

“也许，因为它是只狐狸！”安德烈从容不迫地回答，“村民们说，普拉瓦湖下的大洞是通往乌第河的。在乌第河底，我们发现了一只卡在灌木丛里的狐狸的尸体。它瘦骨嶙峋，只剩皮包骨头。很明显，它死前一直饥肠辘辘。可以推测，它从落水洞掉进了地下通道，然后河水又把它冲到了乌第河。在黑暗中，人们很难区分狐狸的眼睛和狼的眼睛。”

“这样一来，”米露琪卡总结道，“可以说完全解开了我们奇特的夏日历险之谜：那天夜里，我们掉进了‘未知之地’的溶洞，我是这次历险中唯一受伤的人。但我很高兴，我的脚最先踏上了地狱美洲。”

斯拉维米尔告诉大家：

“万尼亚把我们带到了九十岁的老太太费舒卡那里。她出生在亚姆湖边。她记得大约八十年前，有一年冬天，亚姆湖突然不见了。事情的经过是这样的！那时费舒卡还是个小姑娘，她去湖里打水，水却没有了！她顺着冰窟窿走到湖底，发现那里像个神奇的宫殿：银色的屋顶泛着冷光，冰水在汩汩地流，鱼在跳跃，水洼里终究还留着一些水。水下王国如同童话里描写的那样，美不胜收！”

“你认为诺甫戈罗德秋天的森林怎么样？”希格利特问，“跟你们乌拉尔秋天的针叶林相像吗？”

“一模一样！也是普希金笔下的‘魅力之地’！看着这里秋天的森林，我就回想起我们家乡多姿多彩的针叶林。”

“你作了有关森林的诗了吗？”

“当然作了。”斯拉维米尔回答道。

SENLINBAO 森林报

NO.8

（秋季第二月）储粮过冬月

10 月 21 日—11 月 20 日太阳转入天蝎宫

一年：十二个月的太阳史诗——10月

10月落叶缤纷，泥泞不堪，冬伏开始了。

专摘树叶的西风，从树上扯下了最后一批枯叶。阴雨绵绵。一只湿漉漉的乌鸦，百无聊赖地蹲在篱笆上。它也快出发了。在我们这里歇夏的灰色乌鸦，已经悄悄地飞往南方了；同时，一批生在北方的灰色乌鸦悄悄地飞了过来。原来乌鸦也是候鸟。在那遥远的北方，乌鸦也跟我们这里的白嘴鸦一样，春天最先飞来、秋天最后飞走。

秋，干完了第一桩活儿：给森林脱衣裳。现在开始干第二桩：使水变冷，越变越冷。早晨，水洼经常被松脆的薄冰覆盖。和空中一样，水中的生命越来越少。夏天曾经在水上盛开的花朵，早已把种子丢入水底，把长花梗缩回水下。鱼儿游到深坑里过冬，因为深坑里的水不结冰。软绵绵的长尾蝾螈，整个夏天都住在池塘里，现在从水里钻出来，爬上陆地，在树根下找了个有苔藓的地方过冬。死水都被冰封住了。

陆地上的冷血动物都快冻僵了。昆虫、老鼠、蜘蛛和蜈蚣，不知道躲到哪里去了。蛇爬到干燥的坑里，盘作一团，静止不动了。蛤蟆钻进烂泥里，蜥蜴躲到树墩的残留树皮下，睡着了……野兽们，有的穿上了暖和的皮袄；有的把洞里的小储藏室装满冬粮；有的建造巢穴。大家都在准备着……

在秋季的阴雨天里，室外常常会有七种天气：播种天、落叶天、破坏天、泥泞天、怒吼天、大雨天，还有扫叶天。

准备过冬

天还不算太冷，但是不能疏忽。一转眼的工夫，大地和水就会被冰封起来。到时候上哪儿去找吃的？上哪儿去找藏身地？

森林里每一种动物，都在按照各自的方式准备过冬。

该飞走的，早就展开翅膀，飞到别处去躲避寒冷与饥饿了；留下来的，都在忙着往仓库里搬东西，储备冬粮。

短尾野鼠特别起劲地搬运食物。许多野鼠直接在干草垛里或粮食垛下挖个洞过冬，每天夜里往洞里偷运粮食。

每个鼠洞，都有五六条小道，每条小道通往一个洞口。地底下还有一间卧室和几间仓库。

冬天，野鼠要等到天气最冷的时候才冬眠。所以它们来得及储存大批粮食。有些野鼠洞里，已经收集了四五公斤精选的谷粒。

这些小啮齿动物专门在庄稼地里偷粮食。因此我们得保护庄稼不受它们的损害。

过冬的小植物

树木和多年生的草本植物，已经准备好过冬。一年生的草本植物播下了种子。但并非所有的一年生草类都以种子的形态过冬。有的已经发了芽。很多一年生草类，在翻耕过的菜地里生长起来。在光秃秃的黑土地上，可以看到荠菜的一簇簇锯齿状小叶子，和荨麻相仿的、毛茸茸的紫红色野芝麻小叶子，以及小巧的香母草、三色堇和犁头菜，当然还有可恶的紫缕。

这些小植物都准备在雪下过冬，活到明年秋天。

谁来得及干什么

一棵枝杈伸展得很远、夹杂着红褐色斑点的椴树，在雪地上分外显眼。不是树叶发红，而是坚果上的像小舌头似的小翅膀变红。椴树的大大小小的树枝上，长满了这种翅膀似的小坚果。

不单单椴树如此打扮。瞧，这棵高大的树是白蜡树，树上挂着很多干果。这些细长的果子很像豆荚，一簇簇密密地挂在树上。

但是最美的，还是花楸树。在花楸树上，至今还保留着一串串鲜艳夺目、沉甸甸的果实。可以看到小蘖上也长着果子。

桃叶卫矛的神奇果实，依旧引人注目，像极了带黄色雄蕊的玫瑰花。

还有一些乔木，没来得及在入冬以前安顿好后代。

白桦树枝上不时可见干枯的葇荑花，葇荑花里藏着翅果。

赤杨的黑色小球果还没有变空。不过，白桦和赤杨都及时地为春天准备好礼物——葇荑花序。春天一到，这些葇荑花序只要伸直身子，张开鳞片，就开花了。

榛子树也有葇荑花序：暗红色的粗葇荑花序，每根树枝上长两对。不过，在榛子树上早已见不到榛子。榛子树把事情办得井井有条：既跟后代告别了，也为来年春天做好了准备。

发自尼·芭芙洛娃

储藏蔬菜

夏天，短耳朵水鼠住在小河边的别墅里。在那里的地下，它建了一间住房。有一条通道从房间里斜着通下去，一直通到水里。

现在，水鼠在远离水面的一个多草墩的草场上，给自己建造了一间温暖舒适的冬季住房。有好几条一百来步长或更长的通道，通到这间房间里来。

卧室建在一个最大的草墩下，里面铺着暖和柔软的干草。

有几条专门的通道，把储藏室和卧室连起来。

在储藏室里，人们按严格的顺序，分门别类地摆放着五谷、豌豆、蚕豆、葱头和马铃薯等，这些都是水鼠从田里和菜地里偷来和拖来的。

松鼠的干燥室

松鼠在树上有好几个圆巢，它把其中一个当作仓库。里面储存着它从林中收集来的小坚果和球果。

另外，松鼠还采了一些蘑菇：油菇和白桦菇。它把蘑菇插在断松树枝上晒干。到冬天，它将在树枝上闲逛，吃点干蘑菇提提精神。

活体储藏室

姬蜂给幼虫找到一间奇特的储藏室。姬蜂长着一对飞得很快的翅膀，在往上卷曲的触角下，有一双机敏的眼睛。纤细的腰身，把胸部和腹部分成两截。在腹部的末端处，长着一根像针一样细长笔直的刺。

夏天，姬蜂找到一条肥壮的蝴蝶幼虫。它扑上去，骑到幼虫身上，把尖刺戳进幼虫的皮肤里，在幼虫身上戳了一个小洞，在小洞里产了一只卵。

姬蜂飞走了。蝴蝶幼虫很快忘记了惊慌，又吃起树叶来。秋天到了，蝴蝶幼虫结了茧，变成了蛹。

这时，在茧里面，姬蜂的幼虫也从卵里孵出来了。在这坚固的茧里面，它感到安全暖和。而蝴蝶幼虫的蛹，也就成了姬蜂幼虫的美食，够它吃一年的。

夏天再次降临，茧打开了，可是飞出来的不是蝴蝶，而是一只身子细长、黑红黄三色相间的姬蜂。姬蜂是我们的朋友，因为它杀死了幼小的害虫。

自己就是储藏室

有许多野兽，并不造专门的储藏室。它们自己就是储藏室。

只要在秋天的几个月里，大吃大喝，吃得肥头大耳，长出厚厚的脂肪，储藏室就建成了。

要知道，脂肪就是储藏的食物，在皮下积成厚厚的一层。等到野兽没东西可吃的时候，脂肪自动分解，就像食物透过肠壁一样，渗透到血液里。血液把养料输送到全身。

在整个冬天酣睡的熊、獾和蝙蝠，以及其他大小不等的野兽，都是这样做的。它们把肚子吃得饱饱的，然后呼呼大睡。

脂肪还可以给它们保暖，不让寒气渗透到身体里面去。

森林中的大事

贼偷贼

森林里的长耳猫头鹰是多么阴险狡诈和爱偷东西呀！可是竟然有那么一个贼，偷到它身上去了。

长耳猫头鹰长得很像雕鸮，只是个头小一些。嘴巴像个钩子，头上的羽毛戳立着，眼睛又大又圆。不管夜有多黑，它的眼睛看得见一切，耳朵听得见一切。

老鼠刚在枯叶堆里窸窸窣窣一响，长耳猫头鹰已经飞到了。只听笃的一声，老鼠被它抓到了半空中。小兔从林中空地上跑过，这个夜强盗飞到它的头顶。只听笃的一声，兔子已经死在它的利爪下了。

长耳猫头鹰把死老鼠拖回树洞里。它自己不吃，也不给别人吃，它要留到冬天最饿的时候才吃呢！

它白天待在树洞里，守卫着储藏品，夜里飞出去打猎。它常常跑回到树洞看一看：东西没有少掉吧？

长耳猫头鹰忽然发现，它的储藏品好像变少了。这位主人眼睛很尖，它虽然不会数数，可是会用眼睛估算。

天黑了。长耳猫头鹰肚子饿了，飞出去打猎。它回来时一看，老鼠一只也没有了，只见有只和老鼠一样大的灰色小野兽，在树洞里蠕动。

它想抓住那只小野兽的脚，可是小野兽早已窜进下面的一条裂缝，从地上逃掉了。它的嘴里还叼着一只小老鼠。

长耳猫头鹰追过去，几乎要追上了，可是后来仔细看了看谁是小偷，它就害怕了，不再去抢夺小老鼠了。原来这小偷是残暴的小野兽——伶鼬。

伶鼬专以抢劫为生。它个儿虽小，却勇敢灵活，敢于和长耳猫头鹰争胜负。如果长耳猫头鹰被它一口咬住胸部，就别想逃脱了。

夏天回来了吗

天气一会儿阴，冷得寒风刺骨；一会儿又出了太阳，变得暖和宁静。这时你会觉得，夏天突然回来了。

从草丛下面露出了黄澄澄的蒲公英和樱草花。蝴蝶在空中飞舞；蚊子成群结队，像一根轻飘飘的烟柱似的，在空中盘旋。不知从哪儿飞来一只小鸟，一只小巧玲珑的鷦鹩，它翘着尾巴唱起了歌，歌声清脆美妙！

迟飞的柳莺那温柔歌声，从高大的枞树上传来。歌声轻柔忧郁，如泣如诉，仿佛雨点敲在水面上：“巧，琴，卡！巧，琴，卡！”

这时，你会忘记冬天就要到了。

惊 扰

池塘，连同池塘里的住户，整个被冰盖牢了。可是冰突然又融化了。集体农庄庄员们决定清理一下池底。他们从池底挖出一堆淤泥，然后离开了。

太阳一直晒着。泥堆散发着水蒸气。忽然，一团淤泥蠕动起来：一小团泥离开了泥堆，就地滚动起来。这是怎么回事？

一条小尾巴从泥团里伸出来，在地上抽搐着。抽搐着，抽搐着，突然扑通一声，跳回池塘，跳回水里去了！第二个、第三个小泥团，也紧跟着跳下去了。

可是另一些小腿从泥团里伸出来后，却从池塘边跳开了。真奇怪！

不，这不是小泥团，而是沾满淤泥的活鲫鱼和活青蛙。

它们原本在池底冬眠。集体农庄庄员们把它们和淤泥一起扔了出来。太阳晒热了淤泥堆，于是鲫鱼和青蛙都苏醒过来。它们刚一清醒，就跳动起来：鲫鱼跳回池塘；青蛙想找个更安静的地方，以免睡眼蒙眬地再被人扔出来。

现在，几十只青蛙不约而同地朝一个方向跳去：在打麦场和大路的后面，有另外一个更大、更深的池塘。青蛙已经跳到大路上了。

可是，在这秋天，太阳的爱抚是靠不住的。

黑云把太阳遮住了。从乌云下刮起了寒冷的北风。赤身裸体的小旅行家们冷得发抖。青蛙拼尽全力又跳了几下，一头栽倒了。脚冻麻了，血冻凝固了，一下子就冻僵了。

青蛙再也跳不动了。

所有的青蛙都冻死了。

所有的青蛙，头都朝着一个方向，朝着大路后面的大池塘。那个大池塘里有很多暖和的救命淤泥。

红胸脯的小鸟

夏天的一天，我在森林里走，忽然听见茂密的草丛里有东西在跑。起初我打了个哆嗦。后来我开始仔细地查看四周。只见一只小鸟在草丛里迷了路。这只小鸟个头不大，通体灰色，只有胸脯是红色的。我捉住它，把它带回了家。

在家里，我给它喂了点面包屑。它吃过后，高兴起来。我给它做了个笼子，又给它捉小虫。整个秋天它都住在我家里。

有一次，我出去玩，没关紧鸟笼，我家的猫吞吃了这只小鸟。

我很喜欢这只小鸟，我哭了。可是毫无补救的办法！

发自森林记者 奥斯丹宁

捉松鼠

松鼠有一件烦心事，就是夏天要采集好冬粮，留到冬天吃。我亲眼看见一只松鼠，从枞树上摘下一个球果，拖到树洞里去。我在这棵树上画了记号。后来，我们砍倒了这棵树，把松鼠掏了出来，结果发现树洞里有很多球果。我们把松鼠带回家，养在笼子里。一个小男孩把手指头伸进笼子里，松鼠一口就把那个手指头咬穿了。瞧，它有多厉害！我们给它拿来许多枞树球果。它很喜欢吃枞树球果，可是最爱吃的还是榛子和胡桃。

发自森林记者 斯米尔诺夫

我的小鸭

我妈妈把三只鸭蛋放在一只母火鸡身下。

到第四周的时候，有好几只小火鸡和三只小鸭孵了出来。在它们长结实之前，我们一直把它们养在暖和的地方。后来，有一天，我们第一次让母火鸡带着小火鸡到外面去。

在我家附近，有一条水渠。小鸭摇摇晃晃地走进水渠里，马上游起水来。母火鸡跑过来，着急地转来转去，叫道："喔！喔！"它看见小鸭在水里游得很自如，对它毫不理睬，这才放心地带着小火鸡走了。

小鸭子游了一会儿，很快就冷得不行，便从水里爬出来，唧唧地叫着，浑身发抖，却无处取暖。

我把它们放在手心里，用手帕盖起来，带进屋子里。它们立刻安静下来了。它们就这样住在我家里。

一大清早，我把三只小鸭从家里放出去，它们马上跳进水里。它们一觉得冷，就立刻往家里跑。因为翅膀还没长齐，它们飞不上台阶，只能一个劲儿叫唤。有人把它们捉上台阶，它们就朝着我的床跑过来，站在床旁边，伸长脖子，又叫了起来。这时，我正在睡觉。妈妈把它们捉到床上，它们就钻进我的被窝，也睡着了。

临近秋天的时候，它们已经长大；我也被送到城里去上学。我的小鸭子一直想念我，老是叫唤。我听到这个消息后，哭了很多次。

发自森林记者 薇拉·米赫耶娃

核桃鸦之谜

在我们的森林里，有一种乌鸦，个头比普通的灰色乌鸦小一点儿，浑身长满花斑。我们管它叫核桃鸦，西伯利亚人叫它星鸦。

核桃鸦收集坚果，藏到树洞里和树根下，作为冬天的存粮。

冬天，核桃鸦从一个地方搬到另一个地方，从一座森林飞到另一座森林，享用着贮存的冬粮。

它们享用的是自己的贮藏物吗？奇妙之处就在这里。每只核桃鸦享用的，都不是它自己贮藏的坚果，而是它们的同类贮藏的。它们飞到一片从未到过的小树林，马上开始寻找别的核桃鸦贮藏的坚果。它们查看所有的树洞，在树洞里找到坚果。

藏在树洞里的当然好找。可是在冬天，核桃鸦为何能找到别的核桃鸦藏在树根下和灌木丛下的坚果？要知道，大地被白雪整个覆盖起来了呀！可是核桃鸦飞到灌木丛边，刨开灌木丛下面的雪，总是能精确地找到别的核桃鸦藏在下面的坚果。附近有几千棵乔木和灌木，它怎么知道就是在这一棵树下藏着坚果呢？它凭什么特征找到的呢？

对此我们还一无所知。

我们得想出一些巧妙的试验，来搞明白究竟是什么指引着核桃鸦，在白茫茫的大雪下面，找到别的核桃鸦的贮藏物。

好可怕……

树叶凋落了，森林变得稀稀疏疏。

一只小雪兔躺在森林里的灌木丛下，身子紧贴着地面，只有两只眼睛不停地朝四处张望。它感到很害怕。周围老是扑簌簌地响……是老鹰在树枝间扑腾翅膀吗？是狐狸的脚爪把落叶踩得沙沙响吗？这只小兔正在换上白色的毛，浑身斑斑点点的。希望能等到下头一场雪！四周亮堂堂的，森林里变得五彩斑斓，大地上到处飘落着黄色、红色和棕色的树叶。

要不就是突然来了个猎人？

跳起来逃跑吗？往哪儿跑呀？枯叶像铁片似的在脚下轰响。就连自个儿也会被自个儿的脚步声吓疯掉呢！

小雪兔躺在灌木丛下，把身子藏在苔藓里，紧贴着白桦树墩，一动也不敢动地藏着，只有两只眼睛在东张西望。

好可怕呀……

“女妖的扫帚”

现在，树木光秃秃的，可以看见树上那些夏天看不见的东西。瞧，远方有一棵白桦树，上面似乎布满了白嘴鸦的巢。可是走近一看，那根本不是鸟巢，而是一团团向四面八方生长的细黑树枝。人们把它们叫作“女妖的扫帚”。

请回想一下有关女妖或巫婆的童话故事吧！巫婆乘着扫帚在空中一边飞，一边用扫帚扫掉踪迹。女妖骑着扫帚从烟囱里飞出来。无论是巫婆还是女妖，都离不开扫帚。所以她们往不同的树上撒上粉尘，好叫那些树的树枝上，长出像扫帚似的丑陋的细树枝。快乐地讲童话故事的人，就是这么说的。

那么，科学是怎么说的呢？

科学的说法吗？实际的情况吗？事实上，这一团团树枝是由一种病形成的。这种病又是由一种特殊的扁虱，或者特殊的菌类引起的。榛子树上的扁虱细小轻盈，风可以随意地带着它满森林跑。扁虱落到一根树枝上，钻进芽里住下来。充当生长芽的是一根现成的嫩枝：带着叶胚的茎。扁虱并不去打扰芽，只喝芽的汁液。不过，由于伤口感染了分泌物，芽得病了。等到出芽的时候，嫩芽以神奇的速度快速生长，比普通的生长速度快六倍。

病芽发育成短短的嫩枝，嫩枝又立刻生出侧枝。扁虱的后代们爬到侧枝上，使那些侧枝又生出侧枝。就这样，树木不断地长出新的侧枝。于是在原来只有一个芽的地方，长出一团怪模怪样的“女妖的扫帚”。

当寄生菌的孢子进入芽里，并且在里面生长发育的时候，也会产生同样的情况。

白桦、赤杨、山毛榉、千金榆、槭树、松树、枞树、冷杉和其他各种乔木、灌木上，都可能长出“女妖的扫帚”。

有生命的纪念碑

现在正是热火朝天种树的时候。

在这项快乐而有益的事业中，孩子们也不输给成年人。他们尽量不伤害树根，小心翼翼地把冬眠中的小树挖出来，移植到新的地方去。春天，小树从冬眠里一醒来，就开始长高，给人们带来欢乐和好处。每一个栽种过和照料过小树（哪怕只种一棵小树）的孩子，都是在人生的旅途中为自己建造一座神奇的绿色纪念碑：一座永久的有生命的纪念碑。

孩子们想出了一个好主意。他们在花园、菜园和学校的附属地块，搭建了一些有生命的栅栏。他们栽下密密的灌木和小树，这些灌木和小树不仅可以阻挡尘土和白雪，而且还将引来许多小鸟：鸟儿将在这里找到可靠的藏身处。夏天，鹡鸰、知更鸟、黄莺和其他亲密的鸣禽朋友，将在这些有生命的栅栏里筑巢，孵小鸟，而且将积极保护花园和菜园，不让凶狠的青虫和其他害虫侵犯。它们还将唱起欢乐的歌曲，让我们一饱耳福。

有些少先队员夏天去过克里木，他们从那里带回一种有趣的灌木（列娃树）的种子。春天，可以用这些种子造出有生命力的高级栅栏。人们需要在栅栏上挂个牌子："切勿手摸！"这种灌木的战斗力很强，它不会放任何人穿过它那排列紧凑的队列。

它会像刺猬一样刺人，像猫一样抓人，像荨麻一样灼人。等着瞧吧，看哪些鸟会选中这个严厉的卫兵当守护神。

候鸟飞往越冬地（完结篇）

没那么简单！

这似乎很简单：候鸟既然长着翅膀，那么想飞哪儿就飞哪儿！这里天冷了，吃不饱肚子了，那就展开翅膀，往南飞一段，飞到暖和点儿的地方去。要是那里的天气也冷起来了，那就再飞远一点儿。只要飞到气候舒适、食物丰富的地方，候鸟就可以留下来过冬。

实际情况并非如此！不知道为什么，我们这里的朱雀一直飞到印度去；西伯利亚的游隼虽然途经印度和几十个适于过冬的炎热国家，却一直飞到澳大利亚去。

也就是说，并非仅仅是饥饿与寒冷这样一个简单的原因，还有鸟类的一种不知从何而来的、比较复杂的、无法摆脱与克制的感觉，才促使候鸟飞越高山和大海，飞到遥远的地方去。然而……

众所周知，在远古时代，我国大部分地区曾经屡次遭受冰川袭击。沉重的、死一般沉寂的冰川以排山倒海之势，慢慢地淹没了我国的大片平原，之后又慢慢地退却了（整个过程持续了几百年）；后来又流过来了，一路上淹埋了所有的生物。

鸟类靠翅膀保住了性命。第一批飞走的鸟，占据了冰河边的地区；下一批飞得再远一些；再下一批飞得更远一些，好比玩跳背游戏[①]。等到冰川退却的时候，被冰川赶离家乡的鸟儿，又急匆匆地飞回故乡。只是这一回，跳背游戏的顺序倒过来了：飞得不远的，最先回来；飞得远一些

---

① 一种参加者轮流从前面弯腰站立者身上跳过去的游戏。——译者注

的，稍后回来；飞得最远的，最后回来。这种跳背游戏玩得慢极了，几千年才跳完一次！在这漫长的时间里，鸟类很可能养成了一种习惯：秋天，当天气将冷的时候，飞离筑巢地；春天，跟着太阳一起飞回来。这样一种习惯，真所谓“渗透在血与肉中”，被长期保留下来。所以，候鸟每年从北往南飞。这一设想也得到了下列事实的佐证：凡是在地球上没有出现过冰川的地方，也就没有大批的候鸟。

其他原因

但是，秋天，鸟类不仅往南飞，往温暖的地方飞，而且也往别的地方飞，甚至往北飞，往最冷的地方飞。

有些鸟离开我们，只是因为大地被深雪覆盖，水冻成了坚硬的冰，它们没有东西可吃。只要大地上一出现化冻的迹象，白嘴鸦、椋鸟和百灵鸟就立刻飞回来了！只要江河湖泊上一出现冰雪消融，鸥鸟和野鸭也立刻飞回来了！

绒鸭绝对不能留在干达拉克沙禁猎区过冬，因为冬天白海将被厚厚的冰层覆盖。它们不得不飞往北方，因为那里有墨西哥湾暖流流过，那里的海水整个冬天不结冰。

假如在冬天，你从莫斯科往南走，那么很快地，刚到乌克兰，就能看到白嘴鸦、百灵鸟和椋鸟。这些鸟只不过飞到比定居鸟稍远一些的地方过冬。山雀、灰雀和黄雀被认为是本地的定居鸟。要知道，许多定居鸟并不总待在一个地方，它们也会搬迁。只有城里的麻雀、寒鸦和鸽子，以及森林中、田野里的野鸡，一年到头住在同一个地方。其余的鸟，有的飞到近一些的地方，有的飞到远一些的地方。那怎么来判断哪一种鸟是真正的候鸟，哪一种鸟只不过是在搬家而已？

现在来谈谈朱雀吧！我们很难把这种红色的金丝雀，还有黄鸟说成是定居鸟：朱雀飞到印度，黄雀飞到非洲去过冬。它们成为候鸟的原因，似乎跟大多数候鸟不一样，并非由于冰河的侵袭和退却，而是另有他故。

请看看雌朱雀，它长得很像一只普通的麻雀，但是头部和胸部鲜红鲜红的，令人惊叹。黄鸟更令人惊艳：它浑身上下都是纯金色的，两只翅膀黑黑的。你会不由自主地想："这些鸟的服装是多么明艳华丽啊……它们是我们北方的异乡鸟吗？它们是来自遥远的热带国度的小客人吗？"

有道理。非常有道理！黄雀是典型的非洲鸟，朱雀是印度鸟。也许事情的经过是这样的：这些鸟类发生了数量过剩现象，因此年轻的鸟不得不为自己寻找新的居住地养育后代。于是，它们开始往鸟类不太多的北方飞。夏天，在北方并不冷。即使刚出生的光溜溜的雏鸟，都不会得感冒。等到天气冷起来，没有东西吃了，就飞回去，飞回故乡去。在故乡，这时雏鸟也孵出来了，大家和和美美地住在一起。它们是不会赶走同类的！到了春天，再飞到北方去。就这样，过了几千几万年：飞去又飞回，飞去又飞回……

于是它们就养成了迁移的习惯：黄鸟往北飞，经过地中海飞往欧洲；朱雀从印度往北飞，飞越阿尔泰山脉和西伯利亚，然后往西飞，穿过乌拉尔山一直往前飞。

还有一种说法，认为迁移习惯的形成，是由于某些鸟类逐渐占领了新的筑巢地。比如朱雀，简直可以说，最近几十年来，我们亲眼看着这种鸟越来越往西迁移，一直迁移到了波罗的海岸边。但冬天还是依旧飞回到印度的故乡。

这些关于迁徙习惯产生的假设，解答了我们的一些疑问。不过，关于迁徙的问题里面，还存在着许多不解之谜。

一只小布谷鸟的简史

这只小布谷鸟诞生在一个红胸鸲的家里。红胸鸲的家在列宁格勒附近，在泽列诺高尔斯克的一座花园里。

请不要问，它怎么会单独出现在老枞树树根旁舒适的巢里。也不要问，它给红胸鸲养父母增添了多少麻烦、牵挂和不安。它们费了好大的劲才把这只块头比它们大三倍的贪吃鬼喂饱。一天，花园的管理员走到巢旁，掏出已经长出羽毛的小布谷鸟，仔细看了看，又放了回去。红胸鸲夫妻俩吓得半死。在小布谷鸟的左翅膀上，可以明显地看到一小块白羽斑。

小红胸鸲夫妻终于把养子喂大了。可是小布谷鸟飞离巢后，还是一看见它们，就张开红黄色的大嘴，声音嘶哑地要东西吃。

10月初，花园里的大多数树木都只剩下了光秃秃的树枝，只有一棵橡树和两棵老槭树，还没有脱下色彩艳丽的衣裳。这时，小布谷鸟不见了。而那些成年的布谷鸟，早在一个月前，就离开这里的森林了。

这只小布谷鸟和我们这里其他的布谷鸟一样，在南非度过了这一年的冬天。夏天飞到我们这儿来的布谷鸟都是在那里出生的。

而今年夏天，也就是前几天，管理员看见一只雌布谷鸟落在老枞树上，他担心它破坏红胸鸲的巢，就用气枪把它打死了。

在这只布谷鸟的左翅膀上，有块很明显的白斑。

揭穿了好几个谜，但秘密依旧是秘密

我们关于候鸟迁徙的起因的假设，也许是正确的，但是如何解答下列问题呢？

1.候鸟如何认识几千公里长的迁徙线路？

以前，人们认为，在每一队秋季迁徙的鸟群里，至少有一只年长的鸟，带领着全体年轻的鸟，沿着它所牢记的线路，从筑巢地飞往过冬地。现在却精确地证实了：在今年夏天刚从我们这里孵出的鸟群里，可能没有一只年长的鸟。有些鸟，年轻的鸟比年长的鸟先飞走；有些鸟，年长的鸟比年轻的鸟先飞走。不过，不管怎样，年轻的鸟都能在规定的日期毫不出错地抵达越冬地。

这可真是奇怪至极。鸟的脑袋瓜只有一丁点儿大。就算年长的鸟的脑子能记住几千几百公里长的行程，可是雏鸟才出生两三个月，还没见过世面，它怎么能独立地认识这条线路呢？这真叫人百思不得其解！

就以泽列诺高尔斯克花园里的那只小布谷鸟为例吧！它如何能找到布谷鸟在南非的越冬地？所有的老布谷鸟，都几乎比它早飞走一个月。没有鸟给小布谷鸟指路。布谷鸟是一种单飞的鸟，从不成群结队；甚至在迁徙的时候，也是单独飞行。况且小布谷鸟是红胸鸲养大的，而红胸鸲则飞到高加索过冬。那么，小布谷鸟是如何飞到南非，飞到北方的布谷鸟世世代代过冬的地方去的呢？而且飞去以后，又如何回到红胸鸲把它从蛋里孵出来，养育大的鸟巢里来呢？

2.年轻的鸟怎么会知道，它们应该飞到哪里过冬？

亲爱的《森林报》读者们，你们得好好地思考一下鸟类的这一秘密。也许，这个秘密还得留给你们的下一代去研究呢！

为了解决这个问题，首先必须放弃像“本能”这类难懂的词语。必须想出千千万万个巧妙的试验，彻底弄明白：鸟类的大脑和人类的大脑区别在哪里？

集体农庄纪事

拖拉机停止了轰鸣。在集体农庄里，亚麻的分拣工作即将结束，最后几辆载着亚麻的货车，正向车站驶去。

现在，集体农庄庄员们在考虑新收成的问题。专业选种站为全国的集体农庄培育了黑麦和小麦的优良新品种，庄员们就是在考虑这件事。田里的农活少了，家里的活儿就增多了。集体农庄庄员们现在非常关注家畜。

集体农庄的牛羊，被赶进了畜栏，马也被赶进了马厩。

田野变空了。一群群灰色的山鹑，走到靠近人的居住点。它们在谷仓周围过夜，有时甚至还飞到村庄里来。

打山鹑的季节过去了。有枪的庄员们现在开始打野兔了。

发自尼·芭芙洛娃

集体农庄新闻

昨　天

胜利集体农庄养鸡场的电灯打亮了。现在白天短了，所以集体农庄庄员们决定每晚用灯光照亮养鸡场，让鸡有更多的时间散步和进食。

鸡欣喜若狂。灯一亮，它们马上在炉灶灰里扑腾跳跃。一只最活泼好斗的公鸡，斜歪着脑袋用左眼瞧瞧电灯，说："咯！咯！噢，如果你挂得再低一些的话，我一定用嘴狠狠咬你一口！"

又美味，又有营养

干草粉是所有饲料中最优秀的调味品。干草粉由最高档的干草制成。

吃奶的小猪，如果你们想快快长大，请吃干草粉吧！下蛋的母鸡，如果你们想天天下蛋，“咯咯嗒！咯咯嗒”地炫耀新下的蛋，请吃干草粉吧！

新生活集体农庄的报道

园林队在忙着修整苹果树。必须把它们收拾干净，穿上新衣服。除了灰绿色的胸饰——苔藓以外，它们什么也没穿。集体农庄庄员们从苹果树上摘下了胸饰，因为里面藏着害虫。庄员们在树干和接近地面的树枝上涂上石灰，以免苹果树再生虫，也免得它们被太阳灼伤和寒气侵袭。现在苹果树穿上了白衣裳，显得非常漂亮。难怪园林队长开玩笑道：“我们有意识地在节日前夕把苹果树打扮得漂漂亮亮。我还要带上这些美人儿去参加节日游行呢！”

适合百岁老人采的蘑菇

有位百岁的老奶奶阿库丽娜，住在黎明集体农庄。我们《森林报》的记者去采访她的时候，她出去了。不一会儿，老奶奶带着满满一口袋蜜环菌回来了。她说：

“我已经找不到那些单独生长的蘑菇了，它们躲起来了。我的眼睛老花啦！可是我采回来的这种蘑菇，只要见到一个，就能采到上百个。它们还有一种往树墩上爬的习惯，好让自己更引人注目。我很喜欢这种蘑菇。它叫作蜜环菌。这种蘑菇最适合老奶奶采！”

冬前播种

在劳动者集体农庄，蔬菜队正在菜地里播种莴苣、葱、胡萝卜和香芹菜。种子被撒在冰凉的泥土里，如果相信队长孙女儿的话，那么应该认为，种子对此十分不满。小姑娘说，她听见种子在大声发牢骚：

“不管你们种不种，反正天这么冷，我们是不会发芽的！要是你们乐意，你们自个儿发芽去吧！”

不过，正是因为秋天种子已经不发芽了，蔬菜队队员们才这么晚播下它们。

可是，一到春天，它们将会很早发芽，很快成熟。能早一点儿收割莴苣、葱、胡萝卜和香芹菜，真是件令人愉快的事。

发自尼·芭芙洛娃

集体农庄的植树周

在俄罗斯苏维埃联邦的各州各区，都开始了植树周的工作。苗圃里准备好了大量的树苗。在俄罗斯联邦的各集体农庄里，将开辟面积达好几千公顷的新果园和浆果园。集体农庄庄员们和职工们，将在农庄的附属地块上，栽种几百万棵苹果树、梨树和其他果树。

发自列宁格勒塔斯社

城市新闻

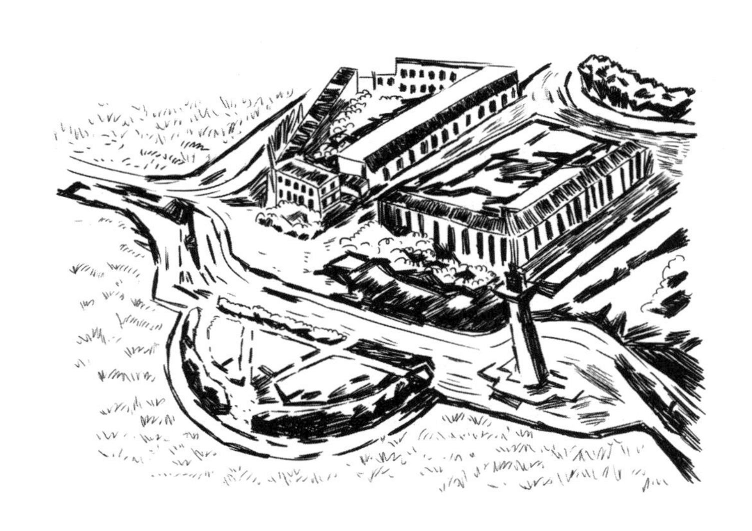

在动物园里

飞禽走兽从夏天的露天住所，搬到冬天的住房里来了。它们的笼子里供热充足。所以，没有一只野兽打算长久地冬眠。

园里的鸟儿没有飞到笼子外面去。在一天之内，它们就从寒冷的国度迁移到了暖和的地方。

没有螺旋桨的飞机

最近几天，总有一些奇怪的小飞机，在城市上空飞过。

行人站在路中间，抬起头，惊奇地注视着这些飞行中队慢慢绕圈子。他们互相问道：

“您看见了吗……”

“看见了，看见了。”

“真奇怪，怎么没有听到螺旋桨的声音？”

“也许是飞得太高了吧？您看，它们显得多么小啊！”

“就是飞低了，您也听不见螺旋桨的声音。”

“为什么？”

“因为它们根本没有螺旋桨。”

“怎么会没有螺旋桨！这是什么样的新系统？叫什么飞机？”

“雕！”

“开玩笑！列宁格勒哪儿来的雕！”

“有的，它们叫金雕。它们现在正在迁徙，往南飞。”

“原来如此！噢，现在我也看清楚了。是鸟在盘旋。如果您不说，我真的以为是飞机呢。太像飞机了！哪怕挥动一下翅膀也好……”

快去看野鸭

最近几个星期以来，在涅瓦河的斯密特中尉桥附近，在彼得罗巴甫洛夫斯克要塞周围以及其他地方，经常可以看到许多形状奇特、五彩缤纷的野鸭。

有跟乌鸦一样乌黑的鸥海番鸭，有嘴巴弯弯、翅膀上带白斑的斑脸海番鸭，有尾巴像火柴棒似的五彩长尾鸭，还有黑白相间的鹊鸭。

它们一点儿也不害怕都市的喧闹。

甚至当黑色的牵引船用铁制船头劈波破浪，一直向它们冲去的时候，它们也不害怕。它们潜入水中，再次露出河面时，已离开原地几十米远。

这些潜水的野鸭，都是海上飞行航线上的旅客。它们每年拜访列宁格勒两次：春天一次，秋天一次。

当拉多加湖中的冰流到涅瓦河里的时候，它们就无影无踪了。

鳗鱼踏上最后的旅程

秋天降临大地。秋天也来到了水底。

水变冷了。

老鳗鱼开始踏上最后的旅程。

它们从涅瓦河出发，途经芬兰湾、波罗的海和北海，游到大西洋的深海里去。

它们再也没能回到生活了一辈子的涅瓦河来。它们将全体葬身在几千米深的大洋里。

但是临死之前，它们将产下卵子。在海洋深处，并不像人们想象的那么冷：那里的水温有7℃。在那里鱼子将很快变成像玻璃一样透明的小鳗鱼。几十亿条小鳗鱼将成群结队地开始长途旅行。三年后，它们将游进涅瓦河河口。

它们将在涅瓦河里长大，长成大鳗鱼。

打　猎

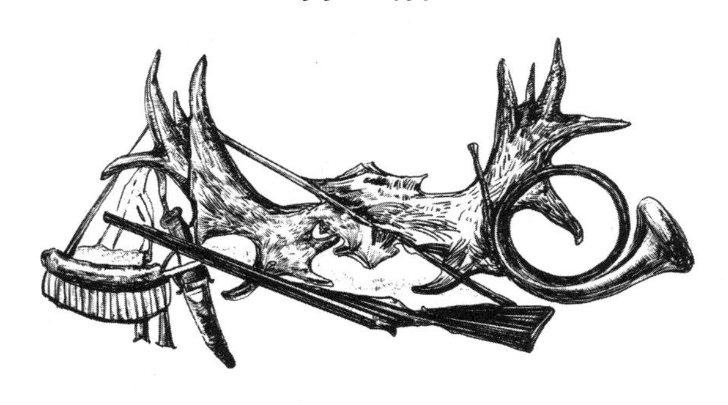

带着猎犬，沿着秋天的泥泞小路

一个空气清新的秋日的早晨，猎人扛着枪来到郊外。他用短皮带牵着两条紧靠在一起的猎狗，这两条壮实的猎狗胸脯很宽，黑色毛里夹杂着红褐色斑点。

他走到小树林边，解开猎狗的皮带，把它们“丢弃”在小树林里。两条猎狗立刻向灌木丛跑去。

猎人悄悄地沿着林边走，选择野兽常走的小路。

他站到灌木丛对面的一个树墩后，那里有一条隐蔽的林中小路，从林中一直通往下面的小山谷。

他还没来得及站稳，猎狗已经扑向了兽迹。

老猎狗多佛瓦伊第一个叫起来，它的声音低沉而嘶哑。

年轻的扎利瓦伊紧跟着汪汪地叫了起来。

猎人一听叫声就明白：猎狗吵醒了兔子，把兔子撵出来了。现在它们正沿着泥泞的小路追赶，不时用鼻子嗅着兔子的足迹。雨后的小路泥泞不堪，秋天的地面因此变得黑乎乎的。

猎狗一会儿离猎人近，一会儿离猎人远，因为兔子一直在转圈子，转圈子。

哎呀，太马虎了！那不就是兔子嘛！兔子的棕红色皮毛正在山谷里一闪一闪。

猎人错失了良机……

瞧那两条猎狗！多佛瓦伊跑在前面，扎利瓦伊吐着舌头跟在后面。它们紧追着兔子，在山谷里跑过。

唉，没关系，还会拐进树林里来的。多佛瓦伊的韧性十足，只要它发现了兽迹，就不会放过，也不会错过。它是条老练的猎狗。

又跑过去了。又跑过去了。转着圈子跑，又跑回树林里来了。

猎人心想："兔子总归还要跑到这条小路上来的。这回我可不能再错过机会了！"

安静了一会儿……然后……咦！这是怎么一回事呀？

两只猎狗的叫声为什么不一致呢？

听，带头的老猎狗完全沉默了。

只有扎利瓦伊独自在叫。

又静下来了……

再次传来带头猎狗多佛瓦伊的叫声，不过这一次是用更狂热、更嘶哑的声音在叫。扎利瓦伊喘着粗气，尖声刺耳地跟着叫了起来。

它们发现了另外一只野兽的踪迹！

是哪种野兽的呢？肯定不是兔子的。

大概是红色的……

猎人急忙给猎枪换了子弹：装进了最大号的霰弹。

一只兔子从小路上跑过，蹿到田野里去了。

猎人看见了，但是没有举起枪。

猎狗越追越近。一只猎狗声音嘶哑地叫着，另一只恼怒地尖叫……突然间，在灌木丛中，在兔子刚才跑过的那条小路上，蹿出了一只长着火红脊背和白色胸脯的小兽……它径直朝猎人冲过来了。

猎人举起了枪。

小兽发觉了，把毛烘烘的尾巴猛地往左一甩，又往右一甩。

晚了！

砰！狐狸被霰弹抛到空中，接着四脚朝天地摔在地上，死了。

猎狗从树林里蹿出来，扑向狐狸。它们用牙咬住狐狸的火红色皮毛，撕扯着，眼看就要扯破了！

“放下！”猎人对它们厉声喝道，连忙跑过去，从猎狗嘴里夺下了珍贵的猎物。

地下的搏斗

在离我们集体农庄不远的森林里，有个声名远扬的獾洞。这个洞很早很早以前就有了。它虽然叫作“洞”，但实际上根本就不是洞，而是一座被一代又一代的獾纵横贯通的小山丘。这是獾那错综复杂的地下交通网。

萨索伊其带我去看了那个“洞”。我把山丘仔细查看了一番，数了数，一共有六十三个出入口。在山丘下的灌木丛里，还有一些不易觉察的洞口。

不难断定，不单单獾住在这宽敞的地下隐蔽所里。在好几个入口处，都可以见到成堆的甲虫：有埋葬虫、推粪虫和食尸虫。洞口胡乱地堆放着鸡骨头、山鸡骨头和松鸡骨头，还有长长的兔子脊椎骨。甲虫正忙着在这些骨头上干活儿。獾才不干这种事情呢！它从不抓鸡和兔子。而且獾有洁癖，它从来不把吃剩的食物或其他脏东西丢弃在洞里或洞周围。

兔子、野禽和家鸡的骨头恰好暴露出：有个狐狸家庭住在地底下，它们跟獾是邻居。

有些洞给挖坏了，变成了真正的壕沟。

萨索伊其解释道：“我们的猎人曾经想方设法，要把狐狸和獾挖出来，可结果全是白费力气。不知道那些狐狸和獾都藏到地底下的什么地方去了。无论你怎么挖，都不能把它们挖出来。”

他沉默了片刻，又补充道：

“我们不妨试一试，用烟把洞里的主人们熏出来！”

第二天大清早，萨索伊其、我，还有一位小伙子，我们一行三人向山丘走去。一路上，萨索伊其不停地开小伙子的玩笑，一会儿叫他司炉，一会儿又叫他火夫。

我们三个人忙活了很长时间，才把地下洞府里的洞口堵上，只留下山丘下面的一个洞和山丘上面的两个洞没有堵。我们搬来了一大堆干枯的杜松枝和枞树枝，放在下面那个洞口。

我和萨索伊其两人，各自守候在上面的洞口附近，躲在小灌木丛后面。“司炉”点燃了洞口的火。等火烧旺后，又堆上许多枞树枝。从火堆里冒出了刺鼻的浓烟。不一会儿，烟就仿佛冒进烟囱里似的，冲到洞里去了。

我们这两个射击手，在伏击地迫不及待地等候着浓烟从洞口冒出来。机敏的狐狸也许会早点儿逃出来吧？也许会滚出一只行动迟钝的大胖獾子吧？也许在那地下洞府里，它们早已被浓烟熏瞎了眼？

可是，洞里的野兽真是忍耐力超强！

我看到烟冒到萨索伊其身旁的灌木丛来了，也涌到我的身边来了。

现在不必再等很长时间了：野兽马上就会打着喷嚏和响鼻跳出来。肯定会有好几只，接二连三地蹿出来。枪已经举到与肩平，千万不能让灵敏的狐狸逃掉！

烟越来越浓。现在是一团团地往外冒，弥漫到灌木丛边来了，熏得我双眼灼痛，眼泪也流出来了。说不定恰好在我眨眼、抹泪的时候，野兽趁机跑掉了！

但是野兽一直不出来。

手托着支在肩膀上的枪，累得不行。我放下了枪。

我们等啊，等啊。小伙子不断地往火堆里添枯树枝和枞树枝。野兽依旧一只也没出来。

在回家的路上，萨索伊其说：

“你以为它们被烟熏死了吗？老弟，没有，它们没有被熏死！因为烟在洞里是往上升的，而它们钻到地底下去了。谁知道那个洞挖得有多深啊！”

这次的失败，让这个长着络腮胡子的小个子猎人很沮丧。为了安慰他，我给他讲了一段关于达克斯狗和粗毛狐狗的故事。这两种猎狗都非常凶猛好斗，会钻进兽洞里抓獾和狐狸。萨索伊其听了，忽然兴奋起来。他央求我给他搞一条这样的猎狗来。无论如何，也给他搞到这样一条猎狗！

我只好答应他尽量想办法。

在这之后不久，我就到列宁格勒去了。想不到我的运气真好：一位熟悉的猎人，把他心爱的达克斯狗暂时借给了我。

当我回到村子，把小狗带去给萨索伊其看的时候，他竟然发起火来：

"你怎么啦？想嘲笑我吗？不要说是老公狐，就是小狐狸，也能把这只小老鼠一口吞下，再吐出来。"

萨索伊其个子矮小，对此他很不满意，对别的小个子（甚至包括狗在内），他也看不上眼。

达克斯狗的外表的确滑稽可笑：瘦弱矮小，上身特别长，四条歪斜的小腿儿，好像脱了臼似的。可是当萨索伊其漫不经心地把手向它伸过去的时候，这只外形极不匀称的小狗，竟龇出坚利的牙齿，凶恶地咆哮起来，向他猛扑过来。萨索伊其连忙向旁一躲，说了句："好家伙！真厉害啊！"然后就不吭声了。

我们刚走到山丘前，小狗就暴怒地向兽洞冲过去，差点把我的手挣脱了臼。我刚把它从皮带上解下来，它就钻进黑乎乎的洞里消失不见了。

人类为了满足自己的需求，培养出各种各样奇特的犬种。其中最奇特的，大概就数这种小个子的地下猎犬达克斯狗了。它的身子像貂一样细瘦，没有比它更适合钻洞的了：弯弯的脚爪很善于挖泥，也能使劲抵住泥土；它那窄长的嘴巴，一咬住猎物，就至死不放。我站在兽洞上面等着，心里不免忐忑不安：在黑暗的地底下，这只训练有素的家犬和森林中的野兽浴血搏斗，不知将如何收场。要是小狗不能从兽洞里返回了呢？我还有什么脸面去见那位失去爱犬的主人啊？

地下正在追猎。虽然被厚厚的一层泥土挡住声音，我们还是能听见响亮的狗叫声。吠声似乎不是从脚底下传来，而是从某个遥远的地方传来。

听，吠声越传越近，越传越清晰。吠声因狂怒而嘶哑。传得更近了……可是，忽然又传远了。

我和萨索伊其站在山丘上，手里紧握着毫无用处的猎枪，握得手指头都痛了。吠声一会儿从一个洞口传出来，一会儿从另一个洞口传出来，一会儿又从第三个洞口传出来。

突然吠声中断了。

我知道这意味着什么：小猎狗在黑暗的地道里，追上了野兽，和它展开了生死搏斗。

这时我才忽然想起，在放猎狗进兽洞之前，我应该考虑到的事情。通常猎人出发打这样的猎，总会带上铁锹，等猎狗在地下跟敌人鏖战的时候，就迅速挖开它们上面的土，以便在猎狗处于下风的时候帮助它。当搏斗在离地面一米左右的地方进行的时候，这样做是有效的。可是，在这么深的洞里，连用烟都无法把野兽熏出来，还谈何给猎狗帮忙呢？

我都干了些什么啊！这只达克斯狗肯定会死在深洞里。也许在深洞里，它不得不跟好几只野兽厮杀呢。

忽然又传来了嘶哑的狗吠声。

可是，我还没来得及高兴，狗吠声又停止了。这回一切都结束了。

我和萨索伊其两人，在这只勇敢无畏的小狗的墓前默默地站了很久、很久。

我不忍心走开。萨索伊其先开了口：

“是啊，老兄，咱俩干了件糊涂事！小狗大概遇到老狐狸或者獾了。”

萨索伊其又迟疑不决地补充道：

“怎么样？走吧！要不，咱们再等会儿。”

突然，从地底下出乎意料地传来一阵簌簌声。

从兽洞里先露出一条尖尖的黑尾巴，接着是两条弯弯的后腿，然后是沾满泥土和血迹的长长的身子。只见达克斯狗艰难地移动着身子。我欣喜若狂地奔过去，一把抓住它，把它往外拖。

跟随小狗一起露出黑洞的，是一只肥硕的老獾。它一动也不动。达克斯狗死命地咬住獾的脖子，凶狠地摇晃着。它久久地不肯放下那个已死去的敌人，生怕它复活似的。

发自本报特派记者

打靶场

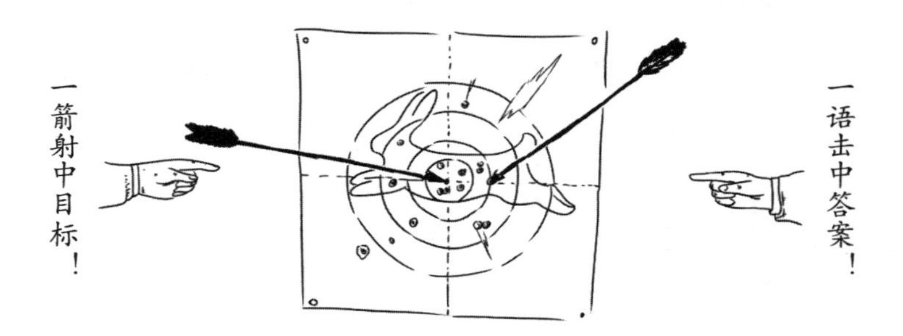

第八场比赛

1. 兔子奔跑时，往山上跑容易，还是往山下跑容易？

2. 落叶向我们揭示鸟的什么秘密？

3. 哪种森林动物在树上给自己晾蘑菇？

4. 哪种野兽夏天住在水里，冬天住在地下？

5. 鸟儿给自己准备过冬的食物吗？

6. 蚂蚁如何准备过冬？

7. 鸟骨头里面有什么？

8．秋天，猎人最好穿什么颜色的衣服？

9．鸟儿什么时候不容易受到伤害：夏天，还是秋天？

10．这里画着的可怕的脑袋是谁的？

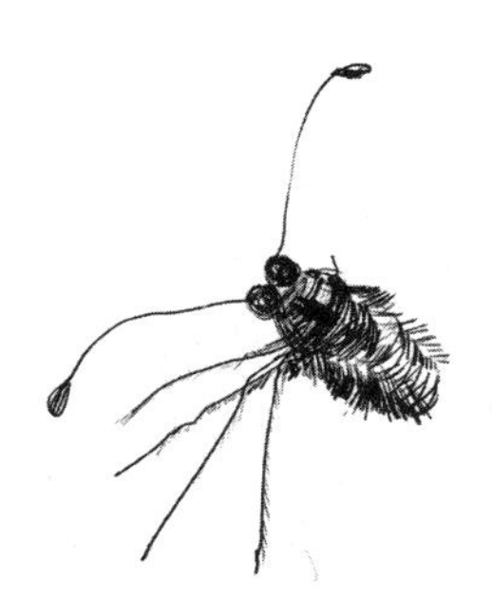

11．可以把蜘蛛称为昆虫吗？

12．冬天，青蛙躲到了哪里？

13．这里画着三种不同的鸟的脚：一种住在树上，一种住在地上，还有一种住在水上。你能分辨它们吗？

14. 哪种野兽的脚掌往外翻?

15. 这是森林中长耳猫头鹰的头。请用铅笔尖指出它的耳朵。

16. 掉啊掉，掉到水里了；自个儿不下沉，水也没弄浑。（谜语）

17. 走啊走，总也走不到；捞啊捞，捞也捞不完。（谜语）

18. 一岁的草，就比院墙高。（谜语）

19. 跑啊跑，总也跑不到；飞啊飞，老是飞不到。（谜语）

20. 乌鸦长到三岁后，会怎么样?（谜语）

21. 跳进池塘洗个澡，出水之后挺干燥。（谜语）

22. 穿它的皮，扔它的骨，吃它的头。（谜语）

23. 不是国王，头上戴着王冠；不是骑士，靴子上扎着马刺；自个儿早上起得早，也不许他人睡懒觉。（谜语）

24. 长着尾巴不是兽，长着羽翎不是鸟。（谜语）

通　告

第七场锐眼竞赛

哪种动物干的好事？

图 1

哪种动物在这里动过枞树球果，又把它们扔到了地上？

哪种动物在树墩上把球果啃得只剩下了核？

哪种动物把林子里的榛子凿了个小洞，把里面的核仁吃掉了？

哪种动物把蘑菇搬到树上，挂在树枝上？

图2：在这棵老桦树的树皮上，有些形状相同的小洞，绕着树干一圈。这是哪个动物干的？为什么这么做？

图2

图3：哪种动物处理过牛蒡了？

图 3

在幽暗的森林里，哪种动物用大脚爪抓破树干，扯下枞树皮，占为己有？它用枞树皮干什么？

哪种动物在这儿干的“好事”：损坏这么多树木，啃掉这么多树皮，咬断这么多树枝？

你行我也行

只要学会寻找和挖掘田鼠洞的方法，就可以把啮齿动物从田里偷走的粮食夺回来。

本期《森林报》已经报道过，这些有害的小兽从我们田里偷走许多优质粮，搬到它们的粮仓里。

请别惊扰我们

我们给自己建好了温暖的冬季住房，准备一直睡到春天。

我们不来打扰你们，也请你们让我们睡个安稳觉吧！

熊、獾、蝙蝠

哥伦布
俱乐部

第八个月

该来看一看，哥伦布们在夏天所做的事情了。鸟类学家在俱乐部会议上率先做总结。

安德烈汇报道：

“我们一共五个人，也就是塔金、莱姆琪卡、米露琪卡、尼古拉和我，成功地确定了在‘未知之地’上生活的151种鸟，我们也把鸟群称为长着翅膀和羽毛的部落。”

“真了不起！”老水手弗拉基米尔脱口而出，“我们找到的哺乳动物还不及你们的一小半呢。”

“这还不算很多。”安德烈继续说，“已故的科学院动物博物馆鸟类组组长瓦连京·利沃维奇·比安基在综合报告中写道：‘据我们调查，在诺甫戈罗德省（如今称为诺甫戈罗德州）一共有216种鸟。’当然，这其中得排除7种偶然飞到这里的鸟：比如黑燕或白腮燕鸥；得排除只在我们这儿过冬的9种鸟，比如极地猫头鹰、雪地铁爪鹀和拉普兰铁爪鹀，夏天在我们这儿无论如何看不到这些鸟；还得排除几十种飞经诺甫戈罗德州的鸟，在小小的未知之地，我们只能偶尔看到几只。由此可以得出结论，也许，我们已基本上了解了生活在我们的美洲上的、长着翅膀和羽毛的居民。我敢保证，当地村民并不了解，在这片土地上生活着这么多各色各样的鸟；他们也不了解，野禽经济由哪些鸟组成。我们对此进行了详细考察，并把所有的鸟都列入了清单。

“据我们统计，整年生活在这里的鸟，简单点儿说，定居在这里的鸟，一共有51种。春天飞到未知之地来筑巢、孵育后代，秋天又飞走的鸟，也就是候鸟，有89种。

“夏末，从北方飞过来的鸟有10种，偶然飞过来的鸟只有一种：翻石鹬。这是项真正的发现，因为在比安基的《我们的鸟类》中，根本没提到这种鸟。它是由尼古拉发现的。莱姆琪卡找到了白腰朱顶雀的巢，以前人们认为它只在冬天才到诺甫戈罗德州来。而发现长笛松雀的荣誉属于米露琪卡，以前人们也认为它只在冬天才飞到我们这儿来过冬。这两种鸟是偶尔停在这里过冬，还是已开始习惯在这里的生活，还有待时间的证明。要知道，在《我们的情报》中，朱雀也曾被认为是珍稀鸟类，现在它已经在每个合适的地方筑巢了。

“在夏季，一共进行了27次把一种鸟蛋放进另一种鸟巢里的实验。你们都已经知道了出乎意料的实验结果。

“我们一共给57只鸟套上圈环，其中54只是雏鸟，另外3只是偶然抓到的成年鸟。

“在当地饲养了32只雏鸟。把一只布谷鸟、一只渡鸦和一只煤山雀带回来饲养。

“对所有的工作过程都写下了‘航海日记’，详细记录下特别有趣的考察故事。”

在讨论完安德烈的报告之后，老水手弗拉基米尔发言：

“至于兽类考察，我们无法夸耀已经登记到很多种类的动物。一个夏天，总共才观察到31种哺乳动物。甚至谈不上观察，只是记录。因为有的只是道听途说而已，像我们尊敬的巴甫洛沙一样。很遗憾，在未知之地上，我们既没有碰到小伶鼬，也没有碰到漂亮的小鹿（所谓的狍或者野山羊），更没有碰到巨大的笨熊。”

“应该说幸亏没有碰到。”萨迦插话道，“要是碰上熊，你们又没带枪，那可够你们受的了！”

大家都笑了起来。弗拉基米尔继续说：

“总之，这里的哺乳动物很少，用手指头都数得过来。猛兽是熊和狼。二战前狼已经绝迹了，战后又繁殖起来。狐狸、獾、貂和黄鼠狼很少，据说有白鼬和银鼬。有过猞猁，但最近几年也没听说了。就这些。食虫类的情况如下：鼹鼠很多，刺猬很少，见到两只陆上的鼩鼱和一只水上的鼩鼱。蹄类的有两种：麋鹿和狍子。至于翼手目动物……都是些夜行动物，我们很难看见它们，只抓住三种：一只大蝙蝠、一只山蝠和一只鼠耳蝠。当然，啮齿动物最多，抓到两只兔子：灰兔和白兔；两只松鼠：普通的棕红色松鼠和装着降落伞的会飞的灰松鼠。我们在杨树洞里找到了松鼠幼崽，半小时后再过去取时，它们已经不见了。松鼠妈妈叼着它们的后脖颈，把它们拖走了。幸好，在未知之地上，既没见到仓鼠，也没见到黄鼠，它们都是非常可怕的破坏者。

“的确，普通的灰鼠数量众多，跟家鼠一样多。还有水鼠、背上长着黑条纹的野鼠、林鼠和三种不同的田鼠。这就是我们全部的清单。”

“都有些什么样的熊？”萨迦郑重其事地问，“有白熊吗？”

弗拉基米尔哈哈大笑起来：

“没有灰熊，它们只居住在北美的洛基山脉，那里的人把它们叫作褐熊；也没有喜马拉雅黑熊，它们住在树洞里；更没有白色的海熊，它们只住在北冰洋。你可以睡个安稳觉。”

萨迦感到很难为情。

“我是诺甫戈罗德人。我们那里的人说，有时在森林里会遇见白熊……”

“很可能。因为熊的皮色很浅，会被误认为白熊。需要特别指出一件有趣的事：一窝黄鼠狼偷偷住在一位女集体农庄庄员家的门廊下。母鸡和公鸡在院子里悠闲地散步，黄鼠狼并没有去碰它们。就像狼从不叼临近村子里的小羊羔，黄鼠狼总是偷吃远方的鸡。因此，女主人一直不知道，在她家里住着这样一窝强盗。她甚至从来没有怀疑过。

“廖列琪的小宝贝——小獾特别有意思：非常有教养，比我们大家都棒！好吧，等会儿廖列琪自己展示给你们看。”

弗拉基米尔还讲述了他在漂浮的美洲上发现的美洲居民——漂浮植物层上的麝鼠。他的发言到此结束。

巴甫洛沙开始做树木学考察总结。可他总是拖着长音说“唉……唉……唉”“这个……”“那个……”，大伙儿急得朝他直摆手：

“闭嘴！要是口吃倒也罢了，可还这么装腔作势！请多拉说吧！”

与巴甫洛沙相反，急性子的多拉一上来就像爆豆子似的说，大伙只好中途拦住她，再追问她。

“在未知之地上，高大的本地部落——大树很少，非常少，比鸟类学的哺乳动物还少，屈指可数。”多拉像放连珠炮似的说，“特别是那些成群生长的大树，总共只有茂盛多瘤的松树、枞树和白桦，以及含胶的灰赤杨和山杨。在大树丛里还分别长着一些小树：花楸、稠李、橡树、野苹果树和榆树。榆树有光滑的，也有不光滑的。还有杨树。紧挨着杨树生长着枫树、白蜡树。在河边，在沼泽旁，生长着高大的柳树。柳树是最有趣的树，有各种各样的叫法：爆竹柳、褐色柳、河柳。柳树的品种众多：有俄罗斯柳、拉普柳、白柳、黑柳、蓝灰柳、浅灰柳和大耳朵柳。说真的，是大耳朵柳！”看到伙伴们笑了，多拉住了嘴。她连“说真的”三字都没说完，觉得太长了，只说了“真的”两个字。她又接着说道：“还有三蕊柳、五蕊柳、迷迭香柳和六百嫩芽柳，这还没有包括全部，在我们这儿生长着20种各种各样的柳树！还有各种各样的灌木！有这些灌木：刺柏，村里人把它叫作桧、野蔷薇、悬沟子、鼠李、荚顺、榛树、黄冬忍、岩高兰、金银花、多疣卫矛、红穗醋栗、黑穗醋栗、杜香、帚石南、熊果、水越橘……”

“停，停，停！”尼古拉恳求道，“瞧你扯到哪里去了！我想，熊果终归是浆果，而不是灌木吧？”

“根本不是这么回事！”多拉得意扬扬地说，“虽然它们属于浆果，但也是灌木。还有半灌木的：鹿蹄草、山茱萸、百里香、苦茄……还有小灌木：越橘、黑果、红莓苔子、小石南！”

“啊呀呀呀！”尼古拉简直不相信自己的耳朵，叫了起来，“在我们的未知之地上，竟然长出了这么多天赐美物吗？”

“如果你不相信我的话，可以去问巴甫洛沙。”多拉不高兴了，“这些都是我为他的植物标本采集的。”

植物的茎和叶被细细的白纸条粘贴在大纸上，每页纸上分别用俄语和拉丁语工整地写着植物名称。大家花了很长时间，来观看这些植物标本。他们纷纷表扬巴甫洛沙：

“你是位真正的办公室学者！”

“我还没说完呢。”多拉叫道，“还有外来的灌木和乔木，还记得那棵来自澳大利亚的著名大树‘阿来’吗？它从上到下都散发着蜜香味。”

大家都饶有兴趣地重新坐下来。

“在未知之地上住着许多外来居民，就像尼古拉发现的麝鼠那样。”多拉竭力控制住语速，郑重其事地说，“例如，普通的土豆来自美洲，现在是我们这儿最家常的蔬菜。在我们的花园里，生长着丁香、锦鸡儿、山楂、伏牛花、醋栗、接骨木、侧柏、银白杨，它们都是从南方或东方引进来的。它们逐渐适应了这里，也不怕冬天了，无所谓！还有我们最著名的来自澳大利亚的大树‘阿来’！只要抬头看树枝，帽子就会从头上掉下来！巴甫洛沙在未知之地附近发现了它。请说说看，它还可以叫作什么树？”

“啊？!”大家喧哗起来，“快说吧，快说吧！”只有巴甫洛沙一个人把脸转了过去。

“你为什么不说话？”多拉用一种很无辜的声音问道，“难道你不感兴趣吗？我和女伴们特意走了30公里，想弄清楚，为什么蜜蜂围着阿来树嗡嗡叫。我高兴坏了，阿来树从天涯海角带来这么多玉液琼浆，而且还在这里被种活了。巴甫洛沙，是这样吗？”

“既然搞明白了，那就……就……一口气说出来吧。”巴甫洛沙沉下脸来。

“我是搞明白了，你凭空捏造了这个神奇故事。压根儿就没有什么地主从澳大利亚运来什么阿来树！在这里，的确很少见到这种树。可是，在俄罗斯中部，要多少有多少，随处可见！这种树叫椴树！办公室学者，你听说过椴树吗？给你根晾干的椴树枝，拿去做标本吧：本地的蜜源乔木——椴树。就是这么回事。”

“那……”由于出其不意，巴甫洛沙现在是真的口吃了，“那……为……为什么……这种……为什么在这里被叫作……阿来树？”

多拉解释道：

“本地人把它叫作阿来树，是因为这里的农民不认识椴树：它的叶很小，在这里又很少见，而在地主庄园的林荫道上种着成排的椴树……于是，农民们就用不认识的词‘林荫道’来命名不认识的树，就叫成了阿来树。”[①]

“太棒了！”塔金说，“如果这算不上树木学发现，那么，无论如何，也是项语文学发现。可爱的北方的诺甫

① 在俄语中，阿来与林荫道的发音很相像。——译者注

戈罗德人，给普通的椴树取了一个当地的名字。”

然后莱姆琪卡、米露琪卡和廖列琪给大家看各自饲养的小动物。

莱姆琪卡饲养的小渡鸦，依次给大家鞠了躬，并做了自我介绍：

“卡尔·卡尔奇克·克劳克！”

它允许大伙儿摸它的头，同时幸福地微微垂下眼睑，莱姆琪卡说：

“它这是在练眼神。”

米露琪卡饲养的煤山雀通体乌黑，它一直在编辑部里飞来飞去，然后又蹲在窗台上，不时地往书架上的小缝里窥视，小爪抵在微微外凸的天花板下的墙纸上，从那里飞快地打量着大家。但只要米露琪卡轻轻地吹声山雀的哨音：“茨维！”同时伸出一只手，手掌朝上，煤山雀立刻就会飞到她的手指上。

大家都非常喜欢耐心细致的廖列琪饲养的动物：名唤“库克”的棕黄色的北噪鸦和“小宝贝”小獾。廖列琪把它们一起装在一只箱子里带过来，箱子的两头用金色丝网拉紧。她把箱子放在地上，放出了库克。小獾蜷曲成一团躺在那里，当廖列琪柔声唤它“小宝贝，小宝贝！”时，它才抬起头来。

“最近它总有点儿犯困。”廖列琪说，“大概，它快进入冬眠期了。”

“嗬，小宝贝，嗬，亲爱的，”她又轻声唤它，“把小盆子给我拿来。”

懒洋洋的小胖子很不情愿地站了起来，用嘴叼起放在箱子里的小盆子，从箱子里走了出来。

“喂，捡起来，捡起来！”廖列琪轻轻地说道。

小獾已经把小盆子扔到了地上，这时又把它捡起来，蹲坐在后爪上，像狗一样听话。

当它举着小盆子的时候，廖列琪捣碎随身带来的白面包和几小块烤熟的甘蓝，把它们放进盆子里。又从小獾那儿拿走盆子，放到地上，打了声呼哨，叫库克过来。库克正在书架上跳来跳去。

北噪鸦一点儿也不怕小獾，立刻飞到盘子边，吃了起来。它把头歪向一边，吧嗒一声，就咬下了一小块面包。

“库克！”廖列琪严肃地说，“应该说点什么？”

“请吧！”北噪鸦突然清楚地发出了人的声音，只是稍微有点儿鼻后音不分。大家惊叹不已。

“库克也属于鸦类。”廖列琪解释道，“渡鸦呀，白嘴鸦呀，喜鹊呀，松鸦呀，北噪鸦呀，它们都可能干了。椋鸟也很能干。在列宁格勒的普列汉诺夫街上，我的一个朋友家里养着两只椋鸟。其中一只9岁，个子不高，微黑，名叫萨沙。它一生一共学会了42个单词！真是个天才！

SENLINBAO 森林报

NO.9

（秋季第三月）冬客降临月

11月21日—12月20日太阳转入人马宫

一年：十二个月的太阳史诗——11月

11月是冬天的前奏。11月是9月的孙子，10月的儿子，12月的亲兄弟。11月大地上布满钉子；12月大地上铺了桥。11月骑着带花斑的马出行：一会儿下雪，一会儿泥泞；一会儿泥泞，一会儿下雪。11月的铁匠铺虽不大，铸造的铁链却已锁住了全俄罗斯：池塘与湖泊已经给冰封住了。

秋开始干第三桩活儿：脱尽森林的衣裳，给水带上镣铐，用雪做盖被把大地罩起来。在森林里你会觉得很难受：黑黝黝、光秃秃的树木被雨水打得湿透了。河上的冰闪着亮光，但是如果你在冰面上东奔西跑，脚下就会咔嚓一声，你也就掉进了冰水里。所有被大雪覆盖的秋耕田，都停止了生长。

但是，现在还不是冬天，只不过是冬天的前奏。阴天过后，还会出个大晴天。所有的生物看到太阳时，是多么兴高采烈啊！看吧：这边，黑色的蚊子从树根下钻出，飞上了天空；那边，金黄色的蒲公英、款冬花在脚下盛开，这些还都是春天的花呢！雪融化了……不过树木已经沉沉地入睡了，要无知无觉地一直睡到明年春天。

现在，该开始伐木了。

森林中的大事

不可理解的行为

今天，我刨开雪，检查了我的一年生草本植物。这是一些只能活过一个春天、一个夏天和一个秋天的草。

可是，今年秋天我发现，它们并没有全部死掉。即使现在已经12月份了，可许多草还泛着绿色。雀稗还活着。这是乡村里长在房前屋后的一种小草。它的小茎纵横交错地铺在地上（人们常常毫不怜惜地用它来擦脚），长着长长的小叶子，开着不太明显的粉红色小花。

低矮灼人的荨麻也活着。夏天，人们无法容忍它：当你给田垄除草的时候，手会被它灼出水泡来。可是现在，在12月份，你看见它也会觉得很高兴。

蓝堇也活着。你还记得蓝堇吗？这是一种美丽的小植物，小叶子稍稍分开，细长的小花呈粉红色，花尖呈暗色。你常常会在菜地里看见它。

这些一年生的草本植物，都还活着。可是，我知道，一到春天，它们就都枯萎了。那么它们现在何必艰难地在雪下活着呢？该如何解释这种行为呢？我不知道，还得去打听打听。

发自尼·芭芙洛娃

森林里从来都不是一片死寂的

冰冷的寒风在森林里作威作福。光秃秃的白桦树、白杨树和赤杨树摇摇晃晃，吱吱作响。最后一批候鸟急匆匆地飞离故乡。

在我们这里度夏的鸟还没有完全飞走，冬客就已经临门了。

鸟儿各有各的爱好和习惯：有的飞到高加索、外高加索、意大利、埃及和印度去过冬；有的鸟儿宁愿留在列宁格勒州过冬。冬天，在我们这里，它们会住得暖和，吃得饱。

飞　花

赤杨的黑色树枝孤零零地兀立在那里。树枝上没有一片树叶，大地上没有一棵青草。倦怠的太阳勉强从灰色的乌云后露出点脸。

可是，突然，在阳光的照耀下，许多快乐的五彩缤纷的花儿在黑色的赤杨枝上飞舞起来。花儿奇大无比：有白色的，有红色的，有绿色的，有金黄色的。有的落在赤杨树枝上，有的落在桦树枝上，鸟身上鲜艳夺目的斑点把白色的桦树皮映衬得五光十色；有的落在地上，有的在空中扇动着艳丽的翅膀。

它们用一种双管芦笛似的声音互相呼应着，从地面飞向树枝，从一棵树飞向另一棵树，从一片小树林飞进另一片小树林。它们是谁？从哪儿来？

从北方飞来的鸟

这是我们冬天的客人，是从遥远的北方飞来的小鸣禽。其中有红胸脯红脑袋的朱顶雀；有烟灰色的凤头太平鸟，翅膀上长着五道像五个小手指头似的红羽毛；有深红色的松雀；有绿色的雌交嘴鸟和红色的雄交嘴鸟。还有金绿色的黄雀，黄羽毛的小金翅雀，肥嘟嘟、胸部丰满鲜红的灰雀。我们本地的黄雀、金翅鸟和灰雀，早就飞到较暖的南方去了。上面讲到的这些鸟，都是在北方筑巢的鸟。北方现在寒冷刺骨，所以它们觉得我们这儿还挺暖和的。

黄雀和朱顶雀吃赤杨籽和白桦籽。太平鸟和灰雀吃花楸果和其他浆果。交嘴鸟吃松子和枞树籽。它们的肚子都被填得饱饱的。

从东方飞来的鸟

低矮的柳树上，突然开出了茂盛的白玫瑰花。这些白玫瑰在灌木丛间飞舞，在树枝上盘旋，有力的黑色细脚爪飞速移动。花瓣似的小白翅膀，在空中颤动。空中回荡着轻柔悦耳的啁啾声。

这是山雀，白山雀。

它们不是来自北方，而是来自东方，从风雪交加的严寒的西伯利亚，穿越乌拉尔高山，飞到我们这儿来。那里早已是冬天，深雪早已把低矮的河柳埋起来了。

该冬眠了

大片的乌云挡住了太阳。空中落下了湿漉漉的灰色雪花。

一只肥硕的獾子，气哼哼地、一瘸一拐地朝洞口走去。它很不满意：森林里既潮湿又泥泞。该钻到地底深处，钻到干燥、整洁的沙土洞里去了。该躺下来冬眠了。

羽毛蓬松的林中小乌鸦北噪鸦在树丛里打起了架。湿漉漉的咖啡色羽毛闪着光。它们大声鼓噪着。

一只老乌鸦在树顶低沉地“哇哇”叫了一声。原来它看见远处有一具动物的尸体。它飞了过去，蓝黑色的翅膀闪着漆亮的光。

林中沉寂无声。灰色的雪花沉甸甸地飘洒在发黑的树木和褐色的大地上。地上的落叶渐渐腐烂。

雪越下越大，变成了鹅毛大雪。大雪覆盖了黑色的树枝，也覆盖了大地……

我们列宁格勒州的伏尔霍夫河、斯维尔河和涅瓦河受到严寒的侵袭，相继封冻了。最后，芬兰湾也结冰了。

最后的飞行

11月的最后几天，风把雪刮成一堆堆的。突然，天气变暖和了。可是，雪依旧没有融化。

清晨，我在散步时看见，黑色的小蚊子在雪地上到处飞舞，在灌木丛里或者树木间的大路上随处可见。它们虚弱无助地飞着，从下面升起来，好像被风推着飞了一个弧形（虽然不见一丝风），然后侧着身子落在雪地上。

午后，雪开始融化，渐渐从树上往下掉。你一抬头，雪水就会滴进你的眼睛，或者湿冷的雪尘会撒在你的脸上。这时，不计其数的黑色小蝇子不知从哪儿飞了出来。夏天我从未见过这种小蚊子和小蝇子。小蝇子无比快乐地飞舞着，只是飞得很低，紧挨着雪地。

到傍晚，天气又变冷了，小蝇子和小蚊子不知躲到哪里去了。

发自森林记者 维利卡

貂追松鼠

许多松鼠迁移到我们这儿的森林里来了。

在它们居住的北方，松果不够吃了。那里的收成不好。

松鼠四散在松树上。它们用后爪抓住树枝，用前爪捧着松果啃。

一只松鼠捧着的松果，从脚爪滑落到雪地上了。松鼠很可惜丢掉了这只松果，气呼呼地叫着，从一根树枝蹦到另一根树枝，跳到下面去了。

它在地上蹿着蹦着，蹦着蹿着，后脚一撑，前腿一托，向前跳去。

它看见，一团黑乎乎的毛皮和一双机敏的小眼睛从枯枝堆里露出来……松鼠吓得把松果都忘了。它慌忙往眼前的树上蹿，顺着树干往上爬。一只貂从枯枝里跳出来，跟在后面追了上来，也飞快地顺着树干往上爬。松鼠已经爬到了树梢上。

貂沿着树枝爬上来。松鼠一跳，跳到了另一棵树上。

貂把蛇一般细长的身子缩成一团，背脊弓成弧形，也纵身一跳。

松鼠顺着树干飞跑。貂紧跟在后面，也顺着树干飞跑。松鼠的动作很灵敏，可是貂的动作更灵敏。

松鼠跑到树顶，没办法再往上跑了，周围也没有别的树。

貂眼看要追上它了……

松鼠从一根树枝跳上另一根树枝，然后向下一蹦。貂紧追不舍。

松鼠在树梢上跳，貂在粗一些的树干上追。松鼠跳呀跳，跳呀跳，跳到了最后一根树枝上。

下面是地，上面是貂。

没有选择的余地了：它一蹦蹦到地上，赶紧朝另一棵树跑。

不过，在地上，松鼠根本不是貂的对手。貂三蹦两跳就追上了松鼠，把它扑倒在地。于是松鼠就一命呜呼了……

兔子的花招

一天夜里，一只灰兔偷偷钻进了果园。小苹果树的皮甜极了，快到天亮的时候，它已经啃坏了两棵小苹果树。灰兔丝毫不理会落在头上的雪，只是不停地啃着嚼着，嚼着啃着。

村里的公鸡叫了三遍。狗也狂吠起来。

这时，兔子才如梦方醒：应该趁人们还没起来，跑回森林里去。周围白茫茫的。隔老远就可以看见它那身棕红色的皮毛。它真羡慕雪兔，现在雪兔浑身雪白。

这夜新下的雪很柔软，可以印上脚印。灰兔一路跑着，在雪地上留下脚印。长长的后腿留下的是伸直的脚跟印；短短的前腿留下的是小圆点。在这温暖的新雪上，每一个脚印、每一个爪痕，都被看得一清二楚。

灰兔穿过田野，往森林里跑，在身后留下一串串脚印。灰兔刚刚美美地吃过一顿，现在它多想躲在灌木丛下打个盹儿啊。可不幸的是：无论它往哪儿躲，脚印都会出卖它。

于是灰兔只好耍花招了：弄乱脚印。

村子里的人醒来了。主人走到果园一看：我的老天爷！两棵最好的小苹果树都被剥光了皮！他往雪地上看了看，明白了一切：小树下有兔子的脚印。他举起拳头威胁道：走着瞧吧！

你必须用你的皮来赔偿损失。

他回到屋里，往枪里装好弹药，带上枪踏着雪出发了。

瞧，灰兔就是在这儿跳过栅栏，然后往田野里跑。一进森林，脚印就围着灌木打转转了。你这一招可救不了你！我会搞明白的！瞧，这是第一个圈套。

灰兔绕灌木跑了一圈，然后穿过自己的脚印。瞧，这是第二个圈套。

园主人跟着脚印追踪，把两个圈套都解开了。他随时准备着开枪。

他站住了。这是怎么一回事呀？脚印中断了，周围全是干净的白雪。即使兔子跳过去，也应该看得出来啊！

园主人弯下腰仔细查看脚印。哈哈！原来这是一个新的花招：兔子顺着自己的脚印跑回去了。它每一步都准确无误地踩在原来的脚印上。乍一看，还真分辨不出“双重”脚印呢。

园主人顺着脚印往回走。他走着，走着，又走到田野里来了。也就是说，他看走了眼；也就是说，还有一个花招没有被识破。

他回转身，又顺着“双重”脚印走去。哈哈，原来如此！“双重”脚印很快就中断了，再往前，脚印又是单层的了。这么说，奥妙就在这里：兔子就是在这儿跳到旁边去的。

果真如此：兔子顺着脚印的方向，一直穿过灌木，然后又跳向一旁。现在脚印又均匀起来了，突然又中断了，又是一行新的“双重脚印”越过灌木丛。接着跳着走了。

现在看看路两旁……兔子又往旁边跳了一次。兔子准是躺在灌木丛下。你布下迷魂阵，但是骗不了人！

兔子确实就躺在附近。不过，不是像猎人所猜测的那样躺在灌木下，而是躺在一大堆枯树枝下。

灰兔在睡梦中听见沙沙的脚步声。声音越来越近，越来越近……

它抬起头，看见两只穿着毡靴的脚在走路。黑色的枪杆垂到了地。

灰兔悄悄地从藏身地钻出来，如离弦之箭蹿到枯树枝堆后面去了。只见短短的小白尾巴在灌木丛里一闪，兔子就无影无踪啦。

园主人双手空空地回了家。

不速之客——隐身鸟

又有一个夜强盗闯进了我们的森林。人们很难看见它，因为夜里漆黑一片，白天又不能把它跟雪区分开。它是北极区域的居民，因此它的皮毛跟北方经年不化的白雪一个颜色。我说的是北极的雪地猫头鹰。

它的个头，几乎跟普通猫头鹰一般高，只是力气稍差一些。它捕食大小不一的飞鸟、老鼠、松鼠和兔子。

在它的故乡冻原带，天寒地冻，小野兽几乎全躲到兽洞里去了，鸟儿也都飞走了。

饥饿迫使雪地猫头鹰出来旅行，暂居在我们这儿。它打算明年春天再回家。

啄木鸟的劳动车间

在我们的菜园子后面，长着许多老白杨树和老白桦树，还有一棵很老很老的枞树。枞树上挂着几个球果。一只五彩啄木鸟，飞来采这些球果。啄木鸟落在树枝上，用长嘴啄下一个球果，顺着树干往上跳。它把球果塞进树缝里，开始用嘴啄。它把球果里的种子都啄出来后，就把球果往地上一扔，接着采第二个球果。它把第二个球果照旧塞进那条树缝里，把第三个球果也照旧塞进那条树缝里，就这样一直忙碌到天黑。

发自森林记者 勒·库波列尔

请教熊

为了躲避刺骨的寒风，熊喜欢把冬季住房熊窝设在地势低的地方，甚至设在沼泽地上，设在茂密的小枞树林里。但是，令人惊讶的是，如果这年冬天不冷，经常有冰雪消融的天气，那所有的熊一定会睡在地势高的地方：小丘上、小山冈上。好几代猎人查验过这件事。

道理显而易见：熊害怕冰雪消融的天气。的确，假如冬天有一股融化的雪水流到熊的肚皮底下，天气又忽然变冷，冰水就会把熊毛蓬蓬的皮外套冻成铁板，那可怎么办呢？那就顾不上睡觉了，只得跳起来满森林里乱窜，哪怕稍微暖和点儿也好！

假如不睡觉，而是不停地活动，就会把身上贮存的热量消耗殆尽，也就是说，必须靠吃东西来增强体力。但是冬天，熊在森林里没有东西可吃。因此，如果它预见到这年冬天暖和，它就给自己选个高一些的地方做窝，免得在冰雪消融的天气里，被融化的雪水浸湿。我们很容易明白这个道理。

可是，熊究竟根据什么样的特异功能预知，这年冬天是暖和还是寒冷呢？为什么早在秋天，它就能准确无误地为自己在沼泽地上，或者丘冈上，选择一个合适的地方做窝呢？我们还不知道这一点。

请你钻到熊洞里去，请教一下熊吧！

按照严格的计划

古时候，俄罗斯人说："森林是魔鬼，在森林里干活，死亡近在咫尺。"

在古代，伐木工人（樵夫）干活很危险。只有斧头作武器的人们，攻击绿色的朋友，就像攻击凶猛的敌人。要知道，直到不久以前的18世纪，我们才有了锯子。

一个人必须有勇士般的体力，才能从早到晚用斧头砍树。必须有钢铁般的强健体魄，才能在严寒与暴风雪降临的时候，白天只穿一件衬衫干活，夜里只盖件外套，睡在没有烟囱的小屋里，或者简陋的小草棚里。

春天，森林里的活儿就更难干了。

必须把冬天伐倒的树木运到河边去，等河水开冻后，把沉重的原木推到水里，请河妈妈把木材运走。大家知道河水的流向。

河水把木材带到哪里，哪里就应该感谢它……人们沿着河岸建起了一座座城市。

在现代又怎么样呢？

现在，"伐木工人"这几个字的含义早就彻底改变了。我们不再需要用斧头来砍倒大树或削去树枝。由机器替我们干这些活儿。连森林里的道路，都由机器来开辟、铺平，然后沿着这条路把木材运出去。

瞧，森林里的履带式拖拉机威力无穷！

这个沉重的钢铁怪物，服从创造它的人的指挥，冲进无路可走的密林，像割草一样，放倒百年大树。它毫不费力地把老树连根拔起，放在两旁，然后扒开躺倒的树，铲平地面，道路就平整如新了。

载有移动发电站的汽车，沿着这条道路开过去。工人们手里拿着电锯，走到大树前。包着橡皮的电线像蛇似的跟在后面。电锯的锋利的钢齿，像刀子切黄油一样，轻而易举地锯入坚硬的木头。只不过半分钟，也就是30秒的时间，电锯就把直径达半米的粗树干啃断了。这棵巨树已有100岁了！

在锯倒方圆100米以内的树之后，汽车又把发电站运到前面去。在它原来的地方，开来一辆强大的运树机。运树机一把抓起几十棵尚未削去树枝的大树，拉到木材运输大道上去了。

巨大的运树牵引机，沿着运输大道，把木材运往窄轨铁路。在窄轨铁路上，司机把长长一列载有几千立方米木材的敞车，开到铁路车站或河岸边的木材场。在木材场，人们把木材加工成圆木、木板和纸浆木料。

在现代，用机器采伐的木材，被运到最遥远的草原上的村庄、城市和工厂，被运到一切需要木材的地方。

大家都清楚，在这样强大的技术支持下，只能够按照非常严格的全国性计划来砍伐木材，不然的话，我们这个最富裕的林业大国，会突然变成一片荒漠。借助现代技术，我们可以轻而易举地消灭森林。但是森林的成长还是跟以前一样缓慢，要经过漫长的几十年才能成林。

在森林被砍伐的地方，我们立刻栽上珍稀的树苗，造上新林。

集体农庄纪事

我们集体农庄庄员们，今年的活儿干得真棒。我们州的许多集体农庄，每公顷收获1500公斤粮食，已经成了稀松平常的事。每公顷收获2000公斤粮食，也不是稀奇事了。一些优秀生产队的粮食产量惊人，这些先进工作者们有权利获得社会主义劳动英雄的光荣称号。

政府很尊重光荣的田间劳动者们的忘我劳动，用社会主义劳动英雄的光荣称号，用各种勋章和奖章来表彰集体农庄庄员们取得的成就。

冬天来了。

集体农庄农田里的活儿都干完了。

妇女们在牛栏里劳动，男人们运送牲畜吃的饲料。家有猎狗的人出去打灰鼠。另外有许多人去砍伐木材。

灰山鹑群越来越靠近农家小院了。

孩子们上学去了。白天，他们布下捕鸟网，在小山上滑雪，或者滑小雪橇。晚上预习功课、看书。

我们比它们有智慧

下了一场鹅毛大雪。我们发现，老鼠在雪下面挖了一条地道，一直通到苗圃的小树前。可是，我们比它们有智慧：我们把每棵小树四周的雪，踩得结结实实。这样，老鼠就不能钻到小树跟前来了。那些钻到雪外面的老鼠，不一会儿就被冻死了。

害人精小兔也常常跑到果园里来。我们也想出了保护果园的办法：我们用稻草和多刺的枞树枝把所有的小树包裹起来。

发自吉玛·布罗多夫

集体农庄新闻

挂在细蛛丝上的房子

可以在这种小房子里过冬吗？小房子挂在细蛛丝上，风一吹，直摇晃。虽然房子墙的厚度比不过一张纸，房间里却没有取暖设备。

请设想一下，在这种小房子里是可以过冬的！我们看见过不少这种设备简陋的小房子。它们低垂在苹果树枝的蜘蛛网上，用枯树叶做成。集体农庄庄员们把它们取下来烧毁。原来在小房子里住着一些心怀鬼胎的坏蛋：苹果粉蝶的幼虫。要是它们留下来过冬，到了春天，准会咬坏苹果树的芽和花。

森林里有坏蛋，森林里也有救星。

昨天夜里，光明之路集体农庄发生了一桩盗窃未遂案。将近半夜的时候，一只大兔子钻进了果园。它企图啃食小苹果树的皮，可是那些苹果树干，像枞树干一样多刺。这个兔贼尝试了很多次，可是都失败了，只好离开光明之路集体农庄的果园，消失在附近的森林里。

集体农庄庄员们预料到会有林中强盗来侵犯果园，所以砍下许多枞树枝，预先把苹果树干包裹起来。

黑棕色的狐狸

一个养兽场建造在市郊的红旗集体农庄里。昨天，一批黑棕色的狐狸运到了。人们纷纷跑出来欢迎这批集体农庄的新居民。连刚会走路的学龄前儿童，也都过来了。

狐狸用怀疑的眼光，胆怯地打量着欢迎的人群。只有一只狐狸，忽然从容不迫地打了个哈欠。

“妈妈！”一个白头巾上戴着一顶便帽的小孩子叫道，“千万别把这只狐狸围在脖子上。它会咬人啊！”

在温室里

在劳动者集体农庄，大伙儿正在挑选小葱和小芹菜根。

生产队队长的孙女儿问道：

“爷爷！这是在给牲口准备饲料吗？”

生产队长笑了起来：

“不是的，孙女儿，你没猜中。我们现在要把这些小葱和芹菜种在温室里。”

“种在温室里干什么？让它们长高，长大吗？”

“不是的，孙女儿。想让它们经常提供绿色蔬菜给我们吃。让我们在冬天也能往马铃薯上撒葱花，在汤里能吃到绿油油的芹菜。”

不需要盖厚被子

上个礼拜天，一个外号叫米克的九年级学生，来到曙光集体农庄。在马林果树旁，他遇见了生产队长费多谢其。

“老爷爷！你这里的马林果不会冻坏吧？”米克问，仿佛是个大行家似的。

“不会，”费多谢其回答，“它可以在雪底下安全过冬。”

“在雪底下过冬？老爷爷，你没有糊涂吧？”米克接着说，“要知道，马林果树长得比我还高。难道您估计会下这么深的雪？”

“我估计会下普通的雪。”老爷爷回答，“大学问家，请你告诉我：你冬天盖的被子的厚度比你的身高厚还是薄？”

“这跟我的身高有关系吗？”米克笑了起来，“我是躺着盖被子的。老爷爷，你清楚吗？我是躺着盖被子的！”

“我的马林果树也是躺着盖雪被的。只不过，大学问家，你是自己躺到床上，而马林果树是由我这个老爷爷把它们弯折，贴到地上。我让一棵棵马林果树稍稍弯下腰，把它们绑起来，这样它们就躺在地上了。”

“老爷爷，你比我想象中的要聪明。”米克说。

“可惜，你没有我想象中的聪明，只不过平平而已。”费多谢其回答。

发自尼·芭芙洛娃

助　手

现在，在集体农庄的谷仓里，我们每天可以碰到孩子们。他们有的帮助挑选预备用于春播的种子；有的在菜窖里干活，精选最好的马铃薯留作种子。

男孩子们也在马厩和铁工厂里帮忙。

许多孩子经常在牛棚、猪圈、养兔场和家禽棚里，担任助手。

我们既在学校里上学，也有工夫在家里帮忙干农活。

发自大队委员会主席 尼古拉·利华诺夫

城市新闻

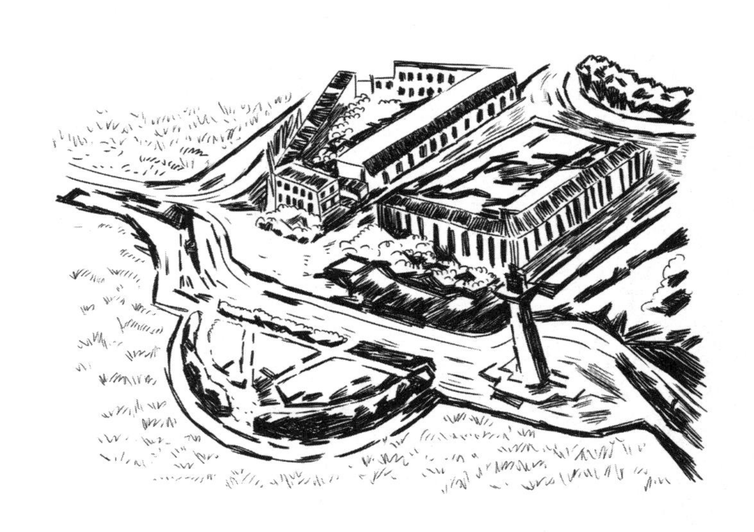

华西里岛区的乌鸦和寒鸦大聚会

涅瓦河结冰了。现在每天下午4点，华西里岛区的乌鸦和寒鸦都飞到斯密特中尉桥（第八条街对面）下游的冰上。

在激烈的争论之后，鸟儿们分成好几群，回到华西里岛上的花园里过夜。每一群鸟都住在它们喜爱的花园里。

侦察员

城市果园和公墓里的灌木、乔木需要受到保护，但是人类对付不了它们的敌人。这些敌人细小狡诈，不容易被发现。园丁们看不住它们，必须找专门的侦察员帮忙。

在公墓和大果园里，我们可以看见这支侦察员的队伍在干活。

领头的是“帽子”上戴着红帽圈的五彩啄木鸟。它的嘴像一支长枪。它用嘴啄透树皮，断断续续地大声发出指令：“唧克！唧克！”

各种山雀跟着它飞来：有头戴尖顶高帽的凤头山雀，也有厚帽子上仿佛插着根短钉的胖山雀，还有淡黑色的莫斯科山雀。旋木雀也在这支队伍里，它穿着浅褐色的外套，嘴巴像把锥子。鸸也是其中的一员，它穿着蔚蓝色制服，胸脯白白的，嘴巴像短剑一样锋利。

啄木鸟命令道：“唧克！”鸸跟着重复一遍：“特勿启！”山雀们回答：“茨克！茨克！茨克！”于是整支队伍就忙活起来。

侦察员们飞速占领树干和树枝。啄木鸟啄着树皮，用像针一样锋利坚硬的舌头，从树皮里拖出小蠹虫。鸸脑袋朝下，围着树干转圈圈，只要发现哪道树皮隙缝里藏着昆虫或毛虫，就用锋利的“小短剑”刺进去。旋木雀在树干的下部奔跑，用弯弯的小锥子刺树干。一大群青山雀欢天喜地地在树枝上转来转去。它们查看每一个小洞和每一道小隙缝，没有一只小害虫能逃脱它们那双敏锐的眼睛和灵巧的嘴巴。

小屋：美食陷阱

寒冷与饥饿的时候来临了。请大家多关心一下我们那些神奇的小朋友——鸣禽吧！

假如你家有花园或者小院子，你就能轻而易举地招引鸟儿。在它们断粮的时候喂喂它们；在天寒地冻和刮大风的时候保护它们，给它们提供筑巢的地方。假如你想引诱一两只可爱的鸟儿到你的房间，也可以当场抓住它。你只需造一间小房子。

招待客人们在小房子露台上的免费食堂里吃大麻子、大麦、小米、面包屑、碎肉、生猪油、奶酪和葵花子。即使你住在大都市，也会有最有趣的小客人，应你的邀请飞到小房子里来，并在此定居。

你可以用一根细金属丝，或者细绳子，一头系在小房子露台上的能开合的小门上，一头经过小窗户，通到你的房间里。需要的时候，你只要拉一下金属丝或细绳，那扇小门就砰地关上了。

还有一个更有意思的办法！把捕鸟房通上电。

不过，夏天你可千万别抓鸟：捕走了大鸟，雏鸟会饿死的。

打　猎

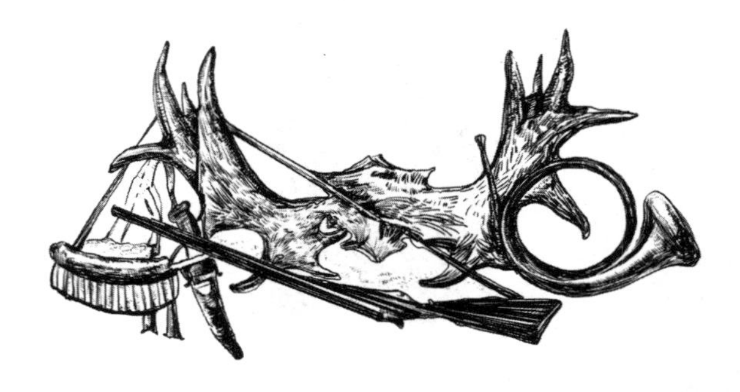

秋天，开始打小茸毛兽。快到11月的时候，小茸毛兽的毛已长齐：脱下了薄薄的夏装，换上了毛茸茸的、暖和的冬皮袄。

打灰鼠

灰鼠大吗？

可是，在我们苏联的狩猎经济中，灰鼠比任何野兽都重要。全国每年光灰鼠尾巴就要消耗掉几千捆。可以用蓬松的灰鼠尾巴做帽子、衣领、耳套和其他保暖用品。

除了尾巴，还有毛皮。人们用灰鼠皮做大衣和披肩，做美丽的浅蓝色女大衣，既轻便又保暖。

刚刚下完第一场雪，猎人们就动身去打灰鼠。在灰鼠多而且容易打到的地方，连老人和12～14岁的少年也来打灰鼠了。

猎人们三五成群，或者独自一人，在森林里住上好几个礼拜。他们乘着又短又宽的滑雪板，从早到晚在雪地上巡视，开枪打灰鼠，放置和检查捕鼠机和捕鼠陷阱。

他们在土窑里，或者在低矮的、连腰都伸不直的小房子里过夜，小房子上落满了雪。他们在一种类似于壁炉的炉子上做饭。

莱卡犬是猎人打灰鼠的第一合作伙伴。猎人没有莱卡犬，就像失去了眼睛。

莱卡犬是一种奇特的猎狗，是我们北方的猎狗。就冬季在森林、密林里打猎的本事而言，世界上没有其他猎狗可以跟它相提并论。

莱卡犬会帮你找到白鼬、鸡貂和水獭的洞，会替你咬死这些小野兽。夏天，莱卡犬会帮你从芦苇丛里赶出野鸭，从密林里赶出琴鸡。它不怕水，连冰冷刺骨的河水也不怕。即使河里结了薄冰，它也会游过去，把被打死的野鸭叼回来。秋天和冬天，莱卡犬会帮助主人打松鸡和黑琴鸡。在这一时期，靠普通猎狗的伫立凝视已不能猎获这两种野禽。但是莱卡犬会蹲在树下，对着它们汪汪叫，把它们全部的注意力集中到自己身上来。

在道路泥泞的初寒时节，或者在大雪纷飞的冬季，莱卡犬可以帮你找到麋鹿和熊。

假如有可怕的野兽进攻你，你的忠实的朋友莱卡犬，绝不会背叛你。它会从后面咬住野兽，让主人有时间重新装上弹药，击毙野兽；要不然，它就牺牲自己生命。不过，最令人惊叹的，是莱卡犬能帮助猎人找到灰鼠、貂、黑貂、猞猁等住在树上的野兽。其他猎狗都找不到树上的灰鼠。

冬天，或者晚秋，你走在枞树林、松树林或者混合林里，四周静悄悄的。任何地方，都没有东西在闪动，也没有东西掠过或者发出啾啾的叫声。你会觉得，周围像一片荒漠，没有一只野兽。死一般的寂静。

但是，要是你带着一只莱卡犬走进森林，你绝不会感到寂寞。莱卡犬会在树根下搜到白鼬，会从洞里赶出雪兔，会顺便一口咬住一只林鼷鼠。尽管灰鼠躲在茂密的松枝间不露面，它也能把它们找出来。

事实上，猎狗既不会飞，也不会爬树，万一空中的野兽不落到地面，莱卡犬又如何找到灰鼠呢？

专打野禽的波形长毛猎狗和追踪兽迹的兔犬，需要有灵敏的嗅觉。鼻子是这两种猎狗主要的和基本的“工作仪器”。这些猎狗，可能眼睛半瞎，或者耳朵全聋，照样干活干得很漂亮。

可是莱卡犬却同时需要三样“工作仪器”：灵敏的

鼻子、敏锐的眼睛和机警的耳朵。莱卡犬同时使用这三样“工作仪器”。与其说这是莱卡犬的工作仪器，不如说是它的三个用人。

灰鼠刚用爪子抓了一下树干，莱卡犬那竖起的、一直警惕着的耳朵，已经在跟主人耳语：“小兽在这里！”灰鼠的小脚爪刚在针叶间闪动，莱卡犬的眼睛就告诉主人：“灰鼠在这里！”微风把灰鼠的气味吹到树下，莱卡犬的鼻子就报告主人：“灰鼠在那儿！”

莱卡犬借助三个用人的帮助，发现了树上的小兽，就吩咐它的第四个用人（声音）为主人（猎人）忠诚服务了。

一只优秀的莱卡犬，绝不会向发现了飞禽走兽的树上扑，也不会用爪子抓树干，因为这样做，可能会吓跑隐藏在树上的小兽。这时，莱卡犬会坐在树下，目不转睛地盯着灰鼠躲藏的地方，竖起耳朵，不时地叫唤几声。直到主人过来了，或者把它叫走，它才会离开树下。

打灰鼠的方法很简单：被莱卡犬发现后，灰鼠的注意力完全集中在莱卡犬身上。猎人只要悄悄地走过去，动作不要过猛，认真地瞄准就行了。

用霰弹枪打灰鼠，并不太难。可是猎人必须用小铅弹打中它，并且一定要设法击中头部，免得损害灰鼠皮。冬天，灰鼠受伤后不太容易死，因此，一定要一枪致命。要不然，它往浓密的针叶丛里一躲，就消失不见了。

猎人们还用捕鼠机和其他捕兽器捉灰鼠。

捕鼠机这样安装：拿两块短的厚木板，固定在两棵树干之间。在下面的板上竖一根细棒，支住上面的板不让它掉下来，细棒上挂着香喷喷的诱饵：炸蘑菇，或者干鱼。灰鼠一拽诱饵，上面的木板就掉下来，夹住灰鼠。

只要雪积得不是太深，猎人整个冬天都打灰鼠。春天，灰鼠脱毛。在深秋以前，在它们重新穿上毛茸茸的浅蓝色冬皮袄之前，猎人绝不会去碰它们。

带上斧头和铁棍打猎

猎人打凶猛的小茸皮兽，用斧头的机会比用枪的机会多。

莱卡犬凭嗅觉找到藏在洞里的鸡貂、白鼬、伶鼬、水貉或者水獭。至于把小兽赶出洞，那已经是猎人的任务。这是项不容易完成的任务。

这些凶猛的小兽，把洞挖在地底下、乱石堆里和树根下。当它们感到危险的时候，不到最后关头，绝不会离开藏身地。猎人不得不用探针或者铁棍，伸进洞里搅半天；甚至用手清理石块，用斧头劈开粗大的树根，敲碎冻得硬邦邦的泥土，或者用烟把小兽从洞里熏出来。

不过，只要它一跳出洞，那就无路可逃了：莱卡犬绝不会放过它，会把它活活咬死。

不然的话，猎人也会开枪打死它。

猎　貂

森林里的貂比较难猎取。要找到它捕食鸟兽的地方，并不太难。那里的雪往往给踩得一塌糊涂，而且有血迹可循。可是，要想找到它饭后藏身的地方，就需要有一双非常敏锐的眼睛。

貂像灰鼠那样在空中跑：从一棵树的树枝跳到另一棵树的树枝。不过，它还是在身后留下了踪迹：折断的小树枝、绒毛、球果、脚爪抓下来的小块树皮等，纷纷从树上掉到雪地上。一个经验丰富的猎人，可以根据这些踪迹来判断貂的空中行走线路。这条线路往往很长，有时长达好几公里。必须全神贯注，才能不跟错路，依据“线索”找到貂。

萨索伊其第一次找到貂的痕迹时，没有带莱卡犬。他亲自追踪那只貂。

他乘着滑雪板追了很久。一会儿信心满满地往前跑一二十米，因为在那里，貂曾经落到雪地上，留下了爪印；一会儿慢腾腾地往前走，机警地察看这位空中旅行家留下的依稀可辨的痕迹。那天，他不止一次地唉声叹气，后悔没有带上他的忠实朋友莱卡犬。

那天夜里，萨索伊其是在森林里度过的。

这个小胡子点燃一堆篝火，从怀里掏出一大块面包嚼，好歹对付过了这漫长的冬夜。

第二天早晨，萨索伊其追寻着貂的痕迹，来到一棵粗大的枯枞树前。真幸运！在枞树的树干上，他发现了一个树洞。貂一定是在这洞里过的夜，而且大概还没有离开。

猎人推上枪机，右手拿着枪，左手拾起一根树枝，往树干上敲了一下，然后扔掉树枝，双手举起枪，预备貂一跳出来，立刻开火。

貂没有蹿出来。

萨索伊其又举起树枝，朝树干用力敲了一下，接着更用力地敲了一下。

貂还是没跳出来。

“唉，真贪睡！”萨索伊其沮丧地暗暗想道，“快醒来吧！小瞌睡虫！”

他又举起树枝，狠命一敲，满树林里回荡着轰鸣声。

原来貂没有在树洞里。

这时，萨索伊其才想到察看枞树的周围。

这棵树是空心的，在树干的另外一面，在一根枯树枝下面，还有一个出口。树枝上的雪被碰掉了：貂从枞树的这一头溜出了树洞，逃到旁边的树上去了。粗树干挡住了猎人的眼睛，因此猎人没看见。

萨索伊其没有办法，只好继续向前跑，追赶貂。

他在那些依稀难辨的痕迹之间，又徘徊了一整天。

天已经黑下来了，萨索伊其才找到一个踪迹。这踪迹清楚无误地表明，貂就在离追击者不远的前方。猎人找到一个松鼠洞，貂就是在那里赶走了松鼠。很容易看出，这个强盗追猎物追了很久，最后在地上追到了它。体力耗尽的松鼠，显然没有估算好跳跃距离，从树上摔了下来，于是貂就连蹿了几大步，追上了它。也就是在这里，在这块雪地上，貂把松鼠当作午餐吃掉了。

是的，萨索伊其追踪的线路很正确。但是，他不能继续追了。从昨天开始，他就没有吃饭。他身边连一点儿面包屑都没有了，况且气温又急剧下降了。在森林里过夜，非冻死不可。

萨索伊其懊丧不已地痛骂着，只得沿着自己的足迹往回走。

“只要追上这只小兽，”他暗暗想，“只要放上一枪，它就完蛋了。”

当萨索伊其再一次走过那个松鼠洞的时候，他气愤地摘下肩头的枪，瞄也不瞄，就往松鼠洞开了一枪。他只不过想发泄一下心头的怒气。

从树上掉下一些树枝和苔藓。让萨索伊其大吃一惊的是，在这些东西掉下来之前，竟然有一只细长多毛的貂落到他的脚旁，它正佝偻着身子在做垂死挣扎。

后来萨索伊其才知道，这种事情并不少见：貂抓住松鼠，美餐一顿后，就钻到被它吃掉的松鼠的温暖的窝里，蜷缩成一团，安心地睡上一大觉。

白天和夜晚

十二月中旬，松软的白雪，已经有膝盖那么深了。

夕阳西下时，黑琴鸡一动不动地落在光秃秃的白桦树上，给玫瑰色的天空抹上了一丝暗影。后来，它们突然一只接一只地向下面扑去，飞到雪地里不见了。

夜降临了，这是一个没有月亮的夜，黑沉沉的。

在黑琴鸡消失的林中空地上，出现了萨索伊其。他手里拿着捕鸟网和火把。浸过树脂的亚麻秆，熊熊燃烧着，漆黑的夜幕被推到了一旁。

萨索伊其一边朝前走，一边凝神静听。

忽然，在离他只有两步远的前方，一只黑琴鸡从雪下钻了出来。明亮的火焰晃得它睁不开眼睛，它像只巨大的黑甲虫似的，无助地在原地打转转。猎人手脚麻利地用网罩住了它。

就这样，萨索伊其在夜里活捉了不少黑琴鸡。

白天，他改乘雪橇射击琴鸡。

这真叫人无法理解：无论步行者怎么隐藏，落在树枝上的黑琴鸡，绝不会让他走过来开枪。可是，如果同一个猎人，乘雪橇飞驰过来，哪怕车上载着集体农庄的大批货物，那些黑琴鸡也休想从他的手里逃命！

发自本报特派记者

打靶场

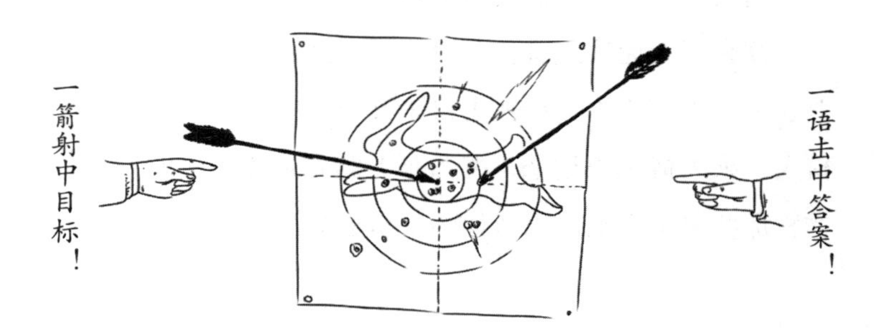

第九场比赛

1. 虾在什么地方过冬？

2. 冬天，鸟儿最怕什么：饥饿还是寒冷？

3. 假如兔子的皮毛颜色很晚才变白，那么这年是早冬还是晚冬？

4. “啄木鸟的打铁铺”指的是什么？

5. 在我们这里，哪种夜强盗只在冬天出现？

6. “兔子旁跳”指的是什么？

7. 秋天和冬天，乌鸦在哪里睡觉？

8．最后一批鸥和野鸭，何时飞离我们？

9．秋天和冬天，啄木鸟加入谁的队伍中？

10．追踪兽迹的猎人所说的“拖脚印”指什么？

11．猫的眼睛，在白天和黑夜有什么不同？

12．追踪兽迹的猎人所说的“双重脚印”指什么？

13．追踪兽迹的猎人所说的“雪地兔踪”指什么？

14．冬天，哪种野兽除尾巴尖外，全身变白？

15．这里分别画着食草兽和食肉兽的头骨。如何根据牙齿辨别它们？

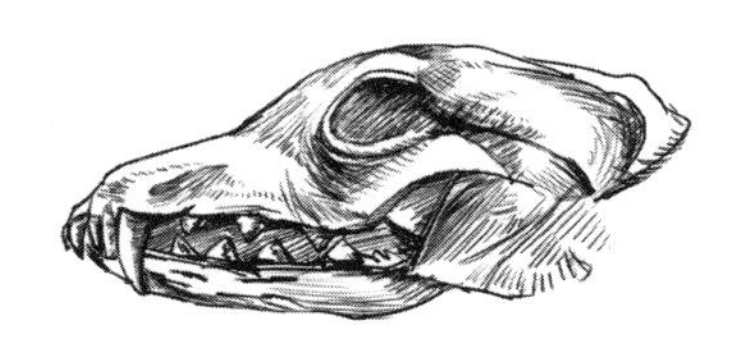

16．无手无脚却会跑，敲打房门要进屋。（谜语）

17．两盏灯亮着，四条棍放着；一个身子躺着，呼呼大睡。（谜语）

18．生在水里最怕水。（谜语）

19．比煤更黑，比雪更白；有时比房子高，有时比青草矮。（谜语）

20．有个庄稼汉，背着靴子走；靴子越重，他越开心。（谜语）

21．壮汉院子中间站，前面插把叉，后面拖扫把。（谜语）

22．成天地上走，两眼不看天；哪里都不痛，整天哼唧唧。（谜语）

23．没有门儿没有窗，却有小人儿住满堂。（谜语）

24．长啊长，钻出了叶子；放在手心来回滚，放在嘴里咔吧响。（谜语）

通　告

第八场锐眼竞赛

这是哪种动物干的?

1. 这是哪种动物的脚印?

2. 有个动物，老在屋顶上打转转。它是什么动物？为什么这么做？

3. 雪地上的小圆洞是什么？哪种动物在这里过夜并留下了脚印和羽毛？

4．这里发生过什么事？为什么留下这么多脚印？树枝上挂着哪种动物的犄角？

请给鸟儿建个免费食堂

可以把一块小木板直接用绳子吊在窗外，在木板上撒上饲料：面包屑、干蚁卵、死虫、死蟑螂、熟蛋屑、奶渣、麻籽、花楸果、蔓越橘、白球花果、小米、燕麦和牛蒡籽。

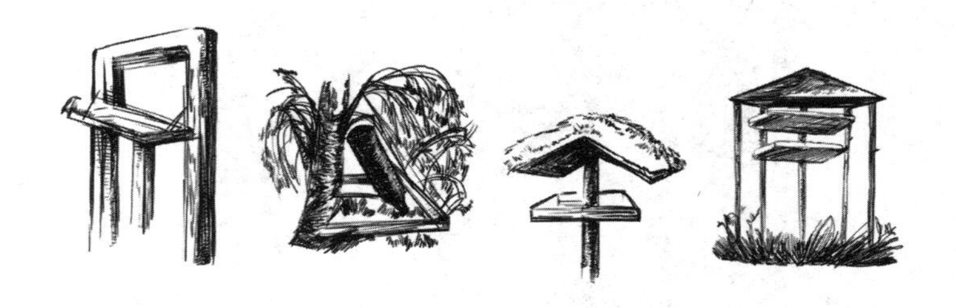

不过，最好在树上倒挂一只饲料瓶，在瓶口下面装一块小木板。

要是能在花园里放一张饲料小桌，上面搭个顶，以免雪落到小桌上，那就更好了。

请帮助饥肠辘辘的小鸟

请记住：我们的小朋友——鸟儿的艰难时刻就要来到了。这是它们的忍饥挨冻期。请不要等到春天，现在就给它们搭建一些温暖的住房：树洞、人造椋鸟房或者小棚子。这样，可以帮助它们摆脱恶劣的天气。为了逃避寒风和冰雪，许多小鸟都钻到我们的屋檐下、门洞里过夜。一只小鹪鹩甚至钻进村里一个钉在柱子上的邮箱里过夜。

请把羽毛、绒毛和破布等铺在椋鸟房和树洞里（参阅本报第一期和第二期的通告）。这样，鸟儿们就有暖和的羽毛垫子和被子了。

哥伦布
俱乐部

第九个月

10月份，在俱乐部的例行会议上，廖列琪和老水手弗拉基米尔做了题为“我们的新野兽”的报告。

弗拉基米尔开始发言：

“在当今这个时代，老年居民常常感到困惑不解。不久前发生了这么件事。一位本地老爷爷坐在土台上晒太阳。他早就住在我们这里了，那时列宁格勒州还被叫作圣彼得堡省。当时他还打猎，很了解我们这儿住着哪些野兽。

“突然，一大群孩子喧闹着从林子里跑了出来。

“‘老爷爷！’他们大叫道，‘快来看看，我们抓到了一只什么野兽！’他们给他看一只完全不熟悉的野兽，毛皮呈杂色，尖尖的下巴上留着胡须。

“老爷爷看了看，说：

“‘这是条小狗，是谁家的小狗崽。去打听一下，谁有这种狗。可能是别墅里的人养的吧，还给他们去。’

“可是孩子们发誓，这是在森林里、在树根旁的洞里找到的。那里本来还有十来只这样的小崽子，但都跑掉了。它们肯定是野的。

“老爷爷很生气：

“‘怎么，难道我连野兽也不认识了吗？照我看，这是母狗逃到森林里，生下了一窝狗崽子。就是这么回事！既然不是狐狸崽，不是獾崽，也不是狼崽，那么就是狗崽子！我们这里从来就没有过野狗。’

“老爷爷说得对，我们这里从来就没有过野狗，可是现在繁殖起来了。野狗生养在离我们这儿一万公里以外的地方，在我国的另一端——远东，乌苏里斯克边疆区。质量上乘的野狗，跟美洲的小熊——浣熊一样，是毛皮非常珍贵的野兽。因此它们也被叫作浣熊狗或者乌苏里斯克浣熊。1929年，我们的狩猎专家首次尝试把二十只野狗从东部运到西部。试验成功了：小兽们习惯了在新地方的生活。因此，1934年，人们开始大规模地迁移浣熊狗，现在它们在我国70多个地区生活得很好。它们居住在光线充足的森林里、灌木丛里、高高的草丛里和芦苇荡里。每年每对浣熊狗夫妇生下15只小浣熊狗。在天寒地冻的冬天，它们钻进地洞里睡大觉。在浣熊狗繁殖得多的地方，政府已经允许猎杀它们了。

“浣熊狗不仅皮毛很有用，可以用来做皮大衣，而且还大量吞食家鼠、田鼠和其他啮齿动物。浣熊狗只有一个缺点：只要一找到琴鸡窝、松鸡窝和鸭窝，立刻彻底捣毁。猎人很不喜欢它们……

“我一开始讲的是老爷爷，接着发生了令他更加困惑的事。

“老爷爷现在知道了，不仅我们这儿自古以来就有动物在逐渐消亡，就像我国已经灭绝的野公牛——原牛和欧洲野牛那样，而且还迁移来新的野兽。瞧，孩子们从黑河边跑过来，讲述了一种从未听说过的野兽。一对野兽迁移到森林里的小河边，在岸边挖了个窑洞，把高凸处作屋顶，屋顶非常硬，根本挖不动，出口处设在水下。它们在那里繁殖后代，现在已经是一大家子一起干活了。它们在森林里砍树，用牙齿把原木锯成两段，把木头拖到河边，把小河水拦住，建成了堤坝。嗬，真抵得上工程师了！它的外形像只肥胖的狗，皮毛像钻头一样硬，尾巴像皮革，又宽又大！尾巴击打在水面上，一俄里以外都能听见溅水声！

“老爷爷忍不住了，说道：

“‘喂，孩子们，你们是在跟我讲童话故事吧？你们以为，爷爷老糊涂了吧？你们以为，老爷爷不知道，在远古时代我们有过这样的野兽：那时，弗拉基米尔·莫诺马赫大公打死了原牛和野猪，在河边捕获了海狸。但我们森林里的海狸早就灭绝了。怎么着，你们想让我相信，海狸跟你们远东的大狗一样，移居到了这里？’

“老爷爷不知道，海狸在我国并没有彻底灭绝，十月革命前，在我国的一些地方保留着不到1000头海狸。十月革命后，我们在自然保护区里繁殖海狸，把它们分别迁入50个州和区。

“我在普拉瓦湖上发现的麝鼠——北美的大水鼠，最早于1929年在我国放养。现在它们快速繁殖，在各处定居。1937年麝鼠皮已列入国家毛皮加工计划，占全苏毛皮供应量的40%。猎人们吃麝鼠肉，对肉的鲜味赞不绝口。

“另一个美洲居民河狸鼠是大型的啮齿动物，跟麝鼠一样，其生活方式也是水陆两栖。它们从南美洲来到我们这儿，居住在我们的亚热带地区。从河狸鼠皮上可拔下长长的、带刺的硬毛，所以我们这里也把河狸鼠皮叫作猴皮。最近我们成功地把河狸鼠向北方推进，已经到了雅罗斯拉夫尔州、鄂木斯克州和库尔干州。

“可笑的浣熊寄生在树上，与我们乌苏里斯克的狗非常相似。它们已顺利地在高加索北部和吉尔吉斯南部安家落户。如果你在森林里看见一只不大的怪物，灰棕色、毛茸茸的，抓到老鼠后，并不急着吃，而是来到河边，先把老鼠放到清水里好好地涮洗一番，这才开始吃早饭，吃好后又爬到树上，钻进树洞里睡觉，那么你可以断定，这是只真正的美洲浣熊。因为它吃饭前总要把肉放到水里清洗，所以被叫作浣熊。

“最近几年，在静静的小河边，在废弃的河床上，您可以看见一种非常滑稽可笑的野兽。它的眼睛小小的，尾巴中间扁扁的，鼻子长长的，灵活好动。请看看它是如何进食的。它把长鼻子从一边转向另一边，卷起蜗牛和水蛭，送进嘴里。这种小兽几乎被人们消灭光了，可是我们及时救下了它最后的子孙，于是它们又兴旺起来。它被叫作俄罗斯麝鼹，是水上大鼩鼱。它的皮可以当作海狗皮用。

“以前在克里米亚没有松鼠，不过到处可见长着坚果和松果的树木。于是我们把西伯利亚的松鼠迁移到克里米亚，它们在那里过得快活极了，吃球果、针叶树籽、橡实和蘑菇。

“古时候，在西伯利亚没有灰兔。可现在，你们瞧瞧，不仅在西伯利亚的西部，甚至在西伯利亚的东部：在克拉斯诺亚尔斯克州、克麦罗沃州和伊尔库茨克州都可以猎杀灰兔了！现在那里的新时尚是吃烤灰兔肉，穿灰兔皮大衣！

“但不能总想着吃的和穿的，还应该关心一下美貌。”

“弗拉基米尔，停一下。”廖列琪突然打断了他，“我来讲这一点。

“你们见过梅花鹿吗？在我们的远东有梅花鹿。它真是太漂亮了！眼睛长得很像拉斐尔圣母像中圣母的眼睛，一双耳朵长得像两朵花，纤细的长腿，皮毛泛着七彩阳光。另外，雄鹿头上还长着神奇的鹿角。嘀，难道不神奇吗？

“在遥远的滨海地区，这种神奇的动物差点灭绝。幸亏它们被转运到了自然保护区。保护区不仅禁止猎杀梅花鹿，而且还保护它们不受天敌——狼的威胁。前不久，它们被迁到了莫斯科郊外的森林和公园里。为了美化环境！它们在各处繁殖起来。这很棒吧？！”

俱乐部的全体成员都同意，这很棒。大家开始考虑，当他们大学毕业、成为科学家之后，将迁移什么样的野兽。这通常被称为让野兽适应我们的新环境。

安德烈提出，他将从科曼多尔群岛迁移一种神奇的野兽，即堪察加海狸，或者更准确地说，叫作海獭。在全世界只剩下几十头海獭，分布在洛帕特卡海角和梅德诺伊岛。海獭以海猬为食，在白海上，海猬可多了。就让海獭们从海上探出上半身，照料、玩耍哺乳动物的幼崽——海猬吧。

女孩们一起提出，在我们的草原上繁殖美丽的红额羚，画家希格利特则发誓要让长颈鹿适应我们这里的气候。

尼古拉沉默着，在冥思苦想着什么。当大伙喊他的时候，他精神一振，脱口而出：

“我要去南极，把那里的企鹅迁移到我们北极来。”

听到他出乎意料的发言，大家都友好地哈哈大笑起来：

“想必你知道，企鹅属于禽类，而我们现在谈论的是野兽。”

尼古拉脸涨得通红，气呼呼地说：

“什么禽类！企鹅比任何野兽都强。它不会飞，绒毛厚厚的。为什么不能在我们的北冰洋繁殖企鹅？也许，它们在这儿会过得很好！应该考虑一下禽类，让它们也开始适应我们的环境。”

哥伦布们同意，应该尝试把企鹅迁移到北方的岛屿上。

会议到此结束。

打靶场答案

请检查你的答案有没有击中目标

第七场比赛

1．从9月21日开始，这一天是秋分。

2．雌兔。因此最后出生的一批小兔叫“落叶兔”。

3．花楸树、白杨树和槭树。

4．并非如此。一些小鸟离开我们，经过乌拉尔山脉往东飞，例如小鸣禽雪篱莺、朱雀和鳍足鹬。

5．因为老驼鹿的角很像木犁，所以被叫作“犁角兽”。

6．为了防备兔子和牡鹿。

7．雄黑琴鸡。春秋两季，它们这样叫唤。

8．生活在地面的鸟，为了适应走路，脚趾张得很开。这种鸟走路时双脚轮换，所以脚印成一条线。

而生活在树上的鸟，为了适应抓树枝，脚趾并得很拢。它们在地上不走路，而是双脚一起跳跃，所以脚印就印成两行。

9．当鸟儿逃走的时候，射鸟更有把握，因为枪弹可以射进鸟的羽毛里。当鸟儿俯冲过来的时候射击（打头部），枪弹可能从绷得很紧的羽毛上滑落，射不伤它们。

10．这意味着在森林的这个地方有动物尸体，或受伤的动物。

11．因为在这个地方，明年雌鸟将孵出整窝的雏鸟。如果打死它们，鸟儿就要搬家了。

12．蝙蝠。它的长脚趾上长着蹼膜。

13．它们中的大多数在第一次寒流来袭时就死掉了。还剩下一小部分，钻到树木、水栅栏或木屋的缝隙里，或者树皮里过冬。

14．脸朝太阳落下的西面。在晚霞中，可以把飞过的野鸡看得一清二楚。

15．当猎人没有射中它时。

16．秋播作物：今年种，明年收。

17．金腰燕。

18．树叶。

19．雨。

20．狼。

21．麻雀。

22．白蘑菇。

23．夏天的桑悬钩子，秋天的榛子。

24．稻草人。

第八场比赛

1．往山上跑容易。兔子的前腿短，后腿长。假如从很陡的山上往下跑，就会翻跟头。

2．树叶落光后，可以清楚地看见夏天被树叶遮住的鸟巢。

3．松鼠。它把蘑菇拖到树上，穿在短树枝上晾干。等冬天没有东西吃时，就去找这些蘑菇吃。

4．水老鼠。

5．鸟儿很少给自己准备过冬的食物。只有猫头鹰把死鼠藏在树洞里，松鸦把橡实、硬壳果储存到树洞里。

6．蚂蚁把蚁穴的所有进出口封死，然后挨挨挤挤地过冬。

7．空气。

8．黄色或褐色，模仿发黄的乔木、灌木或草的颜色。

9．秋天。因为秋天鸟儿会发胖，长了一层厚厚的脂肪，且羽毛浓密，这有助于它们防御枪弹。

10．蝴蝶的（放在放大镜下看到的）。

11．昆虫有六条腿，而蜘蛛有八条腿，所以蜘蛛不是昆虫。

12．躲到水里、石头下、坑里、淤泥里或者青苔下，有的甚至钻进地窖里。

13．每一种鸟的脚，都要适应它的生活环境。生活在地上的鸟，需要适应在地上行走，所以它的脚趾是直的，张得很开，脚趾骨长得很高；生活在树上的鸟，需要站在树枝上，所以它的脚趾弯曲，并得很拢，有很强的攀缘能力，脚比较短；水禽的脚要能游水，起到像桨一样的作用，所以鸭子的脚趾之间蹼膜相连，鹏鹛的脚趾上有帮助划水的硬瓣膜。

14. 田鼠的脚掌。它的脚要适合挖土，就像鱼鳍适合划水一样。

15. 长耳猫头鹰竖起的“耳朵”，只不过是两撮羽毛（角羽）。真正的耳朵藏在角羽下面。

16. 树的落叶。

17. 河，河水泡沫。

18. 葎草。

19. 地平线。

20. 四岁。

21. 鸭、鹅。

22. 亚麻。

23. 公鸡。

24. 鱼。

第九场比赛

1. 在江河湖泊沿岸的洞穴里。

2. 鸟最怕饥饿。如果还有些水面没有被冰封住，野鸭、天鹅和鸥鸟还能吃到食物，那么它们也会留在我们这儿过冬。

3. 晚冬。

4．啄木鸟把球果塞进树或树墩的细缝里，用嘴巴啄它，这种树或树墩就被称作“啄木鸟的打铁铺”。在这种“打铁铺”下面，会大量堆积起被啄木鸟啄过的球果。

5．北极大猫头鹰。

6．指兔子从一行连续的脚印中向旁边跳开。

7．在果园里、丛林里和树上。大群的乌鸦从黄昏时分起，就聚集在这些地方。

8．当最后一批湖泊、池塘和江河被冰封冻的时候。

9．秋天和整个冬天，啄木鸟加入山雀、旋木雀和䴓的队伍中。

10．野兽从雪中拔出腿时，会从雪坑里带出一些雪，在雪地上留下爪印。这种爪印被叫作“拖脚印”。

11．有不同。白天，猫的瞳孔在阳光下变得很小，晚上又变得很大。

12．兔子来回跑两趟留下的脚印。

13．兔子留在雪地上的足迹。

14．貂。

15．食肉动物的腭骨上长着特别突出的长犬齿，凭这一点人们很容易把它认出来。长犬齿是用来撕肉的。食草动物的牙齿的作用，是把植物扯下来咬碎，它们的犬齿并不突出，但门牙比较有力。

16．风。

17．狗睡觉：眼睛睁着，四条腿伸开。

18．盐。

19．喜鹊。

20．背着猎枪和猎物的猎人。

21．公牛。

22．猪。

23．黄瓜。

24．榛子。

锐眼竞赛答案

第六场测验

图1：野鸭来过这个池塘。请注意，水面上沾着露水的蒲草和浮萍间，有一道道的痕迹，这是野鸭聚集在这里闲逛和游水时留下的。

图2：离地面近的那段白杨树皮，是被小个子的兔子啃掉的。兔子不可能够到高处的树皮，那是被高个子的麋鹿啃掉的。麋鹿也把嫩树枝折断了吃。

图3：勾嘴鹬来过。小十字是它们的脚印，小斑点是它们的长嘴巴在松软的地上留下的痕迹。下雨时，勾嘴鹬跑到林中道路上，沿着水洼的泥泞岸边寻找蚯蚓和软体动物等食物。

图4：这是狐狸的杰作。狐狸抓到刺猬后，先咬死它，然后从没针刺的肚子吃起，吃完后只留下刺猬的整张外皮。

第七场测验

图1：①这是交嘴鸟干的好事。交嘴鸟是一种嘴巴上下呈十字形交叉的弯嘴鸟。它用脚攀住树枝，啄下枞树球果后，啄出里面的一些籽，然后就把球果扔掉。

②松鼠把交嘴鸟丢到地上的没吃完的球果捡起来，跳到树墩上，把它吃干净，只剩下球果的核。

③林鼷鼠吃榛子时，先在壳上啃个洞，掏出里面的仁吃。而松鼠吃榛子时，连皮一起吃完。

④松鼠在树上晾蘑菇。它把蘑菇晾干后储存起来，到了忍饥挨饿的时节，它就有储备的食物了。

图2：这是啄木鸟干的好事。它像医生给病人听诊一样，把藏在树里的害虫幼虫捉出来。这时它就围着树干转，在树干上敲，用它那坚硬的尖嘴在树干上凿出一圈小洞。

图3：是金翅雀。它非常喜欢牛蒡的头状花。

这是熊干的好事。它用脚爪把枞树皮一条条扯下来，拖进洞里作垫子，冬天可以睡在软一些的垫子上。

这是麋鹿干的好事。它在这里待了很久，你看它糟蹋了多少东西！这周围的东西都是它的食物，它推倒了小白杨树、小赤杨树和小花楸树，把它们啃掉。有些大树只被啃去了一些嫩枝头，而且它啃掉的也只是被它折断的树枝的一部分。

第八场测验

图1：这是狗追兔子留下的脚印。兔子的脚印是跳跃式的，后面偏斜的脚印是狗的脚印。

图2：这是林鸮的脚印。夜里，它在屋顶侦察：有没有老鼠跑过。它停留了很久，不停地向四周转动，走来走去，于是就留下了这种小星星般的脚印。

图3：黑琴鸡在雪底过夜。它们在雪房子里留下了痕迹和羽毛；飞走时，在雪地上留下了一个个小坑。

图4：没发生要紧的事。只不过一只驼鹿在这里逗留了会儿。它该换犄角了，所以老在一个地方转来转去，用犄角在树干上摩擦。后来终于磨断了一只犄角，这只犄角就卡在树枝上了。开春前，麋鹿会长出新的犄角来。

基特·韦利卡诺夫对故事的解释

篝火旁

有关野鸭的事，一半真一半假。的确，有个头很大的野鸭，在狐狸洞里孵育后代。至于野鸭杀死并吞吃野兽的说法，当然是胡说八道！叶夫谢伊爷爷看到的，多半是狼吃剩的食物。狼在狐狸洞旁杀死了狐狸，并把它撕碎了。而老爷爷误以为，是野鸭吃掉了狐狸。得一分。

伊万爷爷一点也没有添油加醋，他说的都是事实。小男孩维嘉用枪声震昏了我们这儿最小的小鸟——戴菊莺。它猛地摔倒，像死了一样！不久又活蹦乱跳了！得两分。

熊确实会发生这样的事。瞧，突然吓人一跳，会带来多么大的危害。虽然这儿说的不是人，而是熊，但都一样，不能去吓人。人也会像野兽那样，心脏破裂。得两分。

至于白山鹑……的确，这件事听起来像是爱吹牛的人的胡言乱语：他一枪只打一只山鹑，如何能同时射中将近十只山鹑？但是，如果你回忆一下，山鹑一窝窝地挤在一起住，而且如果你考虑到，伊万爷爷射的是霰弹，而弹筒里装着一百多粒霰弹，那么他的枪法就没什么神奇可言了。这是完全可能发生的事。得两分。

老鹰的事也是事实。霰弹射向老鹰的背，它被射死了，摔了下来。这时伊万爷爷发现，这一枪既打中了强盗，又打中了它的牺牲品。得两分。

少校没有射中野鸡，却射中了席草丛中的野猫，这并不稀奇。主要看他往哪里射，偶尔也会射中人。得两分。

伊万爷爷瞎眼猎狗的事，是千真万确的。道理很简单：猎狗追兔子时，不是用眼睛看的，而是用鼻子闻的。老猎狗丧失了视力，但还保留着灵敏的嗅觉。它凭嗅觉得知，前面有什么东西，所以不会撞上树或树墩。兔子的嗅觉也很灵敏。得两分。

猎犬看看写有猎物的纸，就能指示猎物，这根本解释不通，是彻头彻尾的谎言。更谈何狗能识字！得两分。

伊万爷爷最后说得不对，在最意想不到的地方，他出错了。亲爱的读者，你可能也得不到分数。

伊万爷爷把咬人的蚊子称为“雄蚊子”，您知道吗？雄蚊子根本不咬人，雌蚊子才咬人。

只有雌蚊子才吸血。雌蚊子吸不够血，就不会生小孩，因为它产不了卵。雄蚊子不会咬人，它们喝花蜜。

这是其一。其二，伊万爷爷说："苍蝇明白，它们闲逛的日子不多了，变得无比凶残，比雄蚊子还会咬人。"许多人认为，苍蝇临死前开始咬人了。事实上，咬人的完全是另外一种蝇。黑色的普通家蝇不咬人，灰色的、长着笔直的刺的蝇才咬人。只要仔细看一看，就可以学会区分它们。得两分。